孫子兵法與三十六計

兵法與謀略的底層邏輯

李蘭方——編著

序言

一次飽覽古代計策謀略的精髓

《孫子兵法》與《三十六計》，是探討軍事策略時，經常被混淆的兩部著作，事實上，這是兩本不同的書籍，時代間隔更是遙遠，現在讓我們分別了解這兩部重要著作的來龍去脈。

成書背景

《孫子兵法》的成書年代為春秋時代末年，據說作者為齊國人孫武[1]。這一部著作在

1 國學大師錢穆於一九三五年出版的《先秦諸子系年考辯》中認為孫臏和孫武是同一人，其著作就是《孫子兵法》。這樣的觀點被學術界普遍接受，一直到中國山東省臨沂縣銀雀山墓群的漢代文物出土後才真相大白。一九七二年開挖其中一座漢墓時

歷史上歷經無數後人的詮釋，包括：曹操、孟氏、李筌[2]、賈林[3]、杜佑[4]、杜牧、陳皞[5]、王晳[6]、梅堯臣[7]、何氏、張預[8]。如此人才濟濟的傳抄註解者名單，讓《孫子兵法》更顯其重要性，堪稱為兵書中的經典。

《三十六計》為中國古代兵書。成書於明清時代，作者不可考。而「三十六計」這個詞語的出現，早於《三十六計》著作，此名詞起源於南朝時劉宋將領檀道濟，在《南齊書・王敬則傳》提到：「檀公三十六策，走為上計，汝父子唯應走耳。」。後來引用

發現近五千枚漢代竹簡，包括中國古代四大兵法：《孫子兵法》、《孫臏兵法》、《六韜》、《尉繚子》等，證實二千年前已有兩部兵法並行，終於結束了兩位孫子兵聖的千古爭論。

2 李筌，道家思想理論家，政治軍事理論家，號達觀子，唐代隴西人（今屬甘肅省）。少時好神仙之道，曾經隱居嵩山少室山，歷官荊南節度判官、鄧州刺史。肅宗年間尚任官職。

3 《十家注孫子》的作者之一，唐朝人。生平不詳。

4 杜佑，字君卿，唐代政治家、史學家，京兆萬年縣（在今中國陝西省西安市境）人，官至宰相。其孫之一為晚唐著名詩人杜牧。他用三十六年完成了歷史著作《通典》。

5 陳皞，晚唐人，生卒年不詳。著有陳皞注《孫子兵法》。

6 王晳，宋仁宗時期人，曾注《孫子兵法》。

7 梅堯臣是宋代的一位非常重要詩人，從堯臣起，宋詩打開了自己的道路，他與蘇舜欽，世稱「蘇梅」，一同被譽為宋詩「開山祖師」。在世時，歐陽修十分推崇他，後輩如司馬光、王安石、蘇軾也是對他交口稱讚。

8 張預，南宋東光人，字公立。張預所注《孫子兵法》，引戰史而不繁蕪，辨微索隱而不詭譎，明易通達，成就不在梅堯臣注之下。

「三十六計」一詞的人越來越多，例如北宋僧人釋惠洪《冷齋夜話》提到：「三十六計，走為上計。」一直到明末清初，出現頻率越來越高。於是有後人便刻意博覽群書，撰寫出《三十六計》，但其作者仍不可考。其註解者寥寥無幾。

《三十六計》全書以《易經》為依據，在書中引用《易經》二十七次，提及《易經》中的二十二個卦，並依據其陰陽變化，引申出《兵法》中的各種道理。《三十六計》之解析敘述，也是依據《易經》陰陽變化之理及古兵家剛柔、奇正、攻防、彼己、虛實、主客諸策推演而成。

同為兵書，而造成混淆

由於《孫子兵法》與《三十六計》都是探討戰略與戰術的兵書，其中有部分重疊之處，因此容易被混為一談，但事實上，兩者是不同的個體，不應被混為一談。

《孫子兵法》的精神在於不戰而屈人之兵，因此其核心思想是在於戰略，其核心思想是「期望做到不戰而戰勝敵人」，具有儒家精神。

《三十六計》所談的，則是戰爭中所使用的戰術，屬於奇謀巧計。例如聲東擊西、打草驚蛇、借屍還魂等等，所談的**都是可執行的計謀**。

古代兵家重視計謀，認為：「將之道，謀為先。」《孫子兵法》中強調：「兵者，詭道也。」在歷史上，眾多兵家極其推崇「詭道」，但卻沒有人像《三十六計》一樣，能夠將計謀做出如此具體詳實且有系統的總結。

雖然有些人將《三十六計》列為旁門左道，認為計謀是陰謀家、野心家、政客們爾虞我詐、爭權奪利之術，但在歷史上我們也常看到，在關鍵時刻，《三十六計》成為最後保身的殺手鐧。其實**「計謀」只是一種思唯模式，並沒有善惡之別。計謀的施用，完全在於操作者的「心術」**，我們大可以視三十六計為開啟人生的祕密武器。

然而，奇謀巧計正是《孫子兵法》作者孫武所反對的，他的兵法主張的是以實力決勝負，他的計策在於從實力方面進行對決，意義類似現代管理學所探討的SWOT分析，幫助我們了解自己與敵方的優勢（Strength）、劣勢（Weakness）、機會（Opportunity）和威脅（Threat），而在衡量了這些實力之後，便能衡量勝算，透過《孫子兵法》中所提及的五事七計進行評估，我們便能明白自己有沒有勝算。

現代之運用

《孫子兵法》這部兵書經典流傳之廣，已達全世界。全球各地皆廣泛地漫布著「孫子熱」，研究機構擴及世界。除了學術研究，即使是運用於現代的管理學上，亦能達到良好的驗證，在思考當代商業管理實務時，不妨著重《孫子兵法》中的「五事」：「道、天、地、將、法」，依據「七計」：「主孰有道？將孰有能？天地孰得？法令孰行？兵眾孰強？士卒孰練？賞罰孰明？」的七個角度分析比較，在爾虞我詐的市場、商業競爭現場，一邊與競爭對手比較切磋，一邊分析自家陣營的實力，對於現代社會而言，《孫子兵法》均不失為強大的經營利器。

《孫子兵法》和《三十六計》這兩部中國歷史上最傑出的兩部兵書，是中國軍事理論精華。本書擷取兩部著作的精華分別加以說明，並搭配中國歷史上的重要戰役、權謀故事以及現代商戰案例，讓你一書二用，同步深入理解兩部兵書之精髓，輕鬆的故事風格，讓你欲罷不能。

目錄

第一部

孫子兵法的智慧

《孫子兵法》是中國軍事文化遺產中的璀璨瑰寶，是哲理與實踐兼備的軍事鉅著，也是世界上流傳時間最長、傳播範圍最廣、歷史影響最大的兵學聖典，享有「東方兵學鼻祖」、「世界古代第一兵書」、「兵經」等美譽。兩強相鬥，勇者勝；兩勇相爭，謀者勝。孫子兵法展現了博大精深的大謀略、大智慧的競爭戰略思想。至今仍然閃爍著熠熠光輝，是令人歎為觀止的罕世之作。

1．攻其不備，出其不意

攻其無備，出其不意。此兵家之勝，不可先傳也。

南北朝時期，某地一農民的雞群被偷。報案後，縣令符融將原告的左鄰右舍傳來審問。但鄰人個個辯解，沒有人主動站出來承認偷了雞。符融叫他們在堂前排列著跪下，又胡亂問了一陣，便假裝不予理睬，另外審理別的案子。

符融處理一陣子事務後，便一臉疲倦地要求退堂休息。他揮手向跪著的眾鄰人說道：「你們都回去吧，今天不審了。」

眾鄰人一聽，個個如釋重負，紛紛站起來轉身要走。突然，符融一拍驚堂木大聲喝道：「你這偷雞賊！也敢站起來溜掉嗎？」

這時，其中一個人立即「撲通」一聲跪倒在地。

符融說：「你已不打自招，還不快把偷雞的經過從實招來！」原來這人果真是偷雞賊，經符融這麼一拍一喝，猝不及防，就下意識地跪了下來，露出了原型。他知道已經混不過去，只好如實招供。

符融在審理這個案件的過程中，巧妙的運用了心理戰術。罪犯作案後，即使表面佯裝鎮靜，企圖蒙混過關，但內心仍然惶惶不安，生怕露出蛛絲馬跡。符融正是熟知這種犯人的心理，才把嫌疑犯們集中起來進行心理測試。

符融先是拖延時間，讓人猜不透他的真實用意。進而又用「休庭、不審、放人」的方法麻痹竊賊的心理，使其心存僥倖。最後在竊賊卸下防備的時候突然發難，使他以為吼聲完全是針對自己而發，便下意識地屈膝下跪。這正是《孫子兵法》中「攻其無備，出其不意」的策略。

三國時期（西元一九六年），孫策派水軍攻打錢塘江南岸的固陵，屢攻不下。部下孫靜向他獻計：「固陵的防守很堅固，不宜正面死攻。離這裡幾十里的查瀆有條路，可以迂迴包抄固陵。你給我一支兵隊，我從查瀆那邊圍攻，給它來個『攻其無備，出其不意』，肯定能取勝。」

孫策一聽有理，就派兵給他，依計而行。同時，下令軍隊弄來數百個大缸，盛滿水，做出準備長期作戰的態勢。到了夜晚，還命令軍隊多點幾盞燈，讓敵方以為孫策的主力還在原地。

當孫靜率領的部隊突然出現在固陵附近的高遷屯時，王朗大吃一驚，趕忙派周昕率兵迎戰。然而周昕不是孫靜的對手，很快就戰死了。周昕一死，固陵不久就淪陷，會稽一帶便被孫策占領了。

作為孫子「兵以詐立」之精髓，攻其無備、出其不意歷來為兵家所重視。它是進攻作戰謀略運用的基本原則，也是軍事家們的座右銘，並因此而流芳千古。戰史表明，在敵人沒有防備或防備較弱的時間、地點實施大膽而堅決的突擊，一般都能獲得顯著的戰果，並能在一定程度上打亂敵人的部署，從而達到調動敵人、爭取主動的目的。

「攻其不備，出其不意」此舉在軍事上閃爍的不滅光輝，同樣可以照亮今日商場上的競爭之路。俗話說：「逢俏莫趕，逢滯莫丟」。在一件商品有賣相之際，往往導致大量的競爭者投入，競相生產的最終局面，就是使商品價格邁向下跌的臨界點。因此，棋高一籌的經營者，不會人云亦云，也不會一味搶鋒頭、趕時髦，而是瞄準市場的潛在需求，在別人沒有看到和想到的「供給缺口」或藍海，以常人未能留意到的方向投資、生產、適當切入產品價格、銷售管道、推銷措施、銷售服務等，創造出獨特的經營優勢，一鳴驚人，並迅速占領市場。

無論多強的對手，一定有其罩門，如果實在找不到對手的弱點，不妨多些時間等待，伺機而動，終能等到對方鬆懈下來。即便對手實力強大，戰鬥力驚人，但沒有人能夠永遠保持高度的警戒狀態。就像已退役的職業拳擊手麥克・泰森（Mike Tyson）在睡著時變得毫無戰鬥力一般，任何強大的對手都會有其鬆懈的瞬間。節奏一亂，一定會損耗戰力。所以，就算是最聰明、節奏感再好的人，也會有節奏間隙，這個節奏間隙就是他的弱點——就是「無備」，就是「不意」。趁其無備與不意之時，傾力而攻之，則百戰不殆。

攻其不備，出其不意，是宇宙間一切事物運行的普遍規律。「攻其不備，出其不意」不但是一個可以廣泛運用的計謀，而且是一個永恆的法則。

【原文】

《孫子兵法・計篇》有云：「攻其無備，出其不意，此兵家之勝，不可先傳也。」

【譯文】

要在敵人沒有防備的時候發起進攻，在敵人意料不到的地方採取行動。這是軍事家取勝的奧妙，不可先傳洩於人也。

2・速戰速決

兵貴勝，不貴久。

三國時期，曹操打敗了占據冀、青、幽、並四州的袁紹，殺了袁紹長子袁譚，袁紹的另外兩個兒子袁尚、袁熙逃走，投奔遼河流域的烏丸族首領蹋頓單于[1]。蹋頓乘機侵擾漢朝邊境，破壞邊境地區人民的生活。這時的曹操實有必要征討袁尚及蹋頓，然而，有些官員擔心，遠征時，荊州的劉表會乘機派劉備來襲擊曹操的後方。

1 單于，曾作善于，是匈奴族對他們部落聯盟首領的專稱，意為廣大之貌。單于始創於匈奴著名的蹋頓單于的父親頭曼單于，之後這個稱號一直繼承下去，直到匈奴滅亡為止。而東漢三國之際，有烏丸、鮮卑的部落使用「單于」這個稱號。至兩晉十六國，皆改稱為大單于的稱號，但地位已不如以前。至中世紀時，這個稱號被可汗取代。而單于一詞之後被轉譯為達干、達官、答剌罕、答兒罕、達兒罕、打兒漢等。

曹操的謀士郭嘉分析了當時的形勢，對曹操說：「你現在威鎮天下，但烏丸仗著地處在邊遠地區，必然不會防備。現在進行突然襲擊，一定能消滅他們；但要是延誤時機，讓袁尚、袁熙喘過氣來，重新收集殘部，這時若烏丸各族回應，蹋頓有了野心，只怕冀州、青州又要失守了。至於劉表則是個空談家，他知道自己的才能不及劉備，所以不會重用劉備，一旦劉備不受重用，自然不肯多為劉表出力。所以你只管放心遠征烏丸，不會有後顧之憂的。」

於是，曹操率領軍隊出征，到達易縣（今屬河北）後，郭嘉又對曹操說：「用兵貴在神速。現在我軍遠至千里之外作戰，軍用物資多，行軍速度就慢，如果烏丸人知道我軍的狀況，就會有所準備；不如留下笨重的軍械物資，部隊輕裝，以加倍的速度前進，趁敵人沒有防備時發起進攻，即能大獲全勝。」

曹操依郭嘉之計，部隊快速行軍，直達蹋頓單于駐地；烏丸人驚慌失措地應戰，一敗塗地。蹋頓被殺，袁尚、袁熙逃往遼東，後被太守孫康所殺。

速度也是戰爭勝敗的一大要素。曹操以最快的速度、最小的代價到達烏丸，進行順利消滅政敵，可以說，速度是他此役取勝的重要關鍵。

《孫子兵法》言：「夫兵久而國利者，未之有也」、「兵貴勝，不貴久」。在戰場上，應採用「兵貴神速」的作戰方案。用兵打仗，貴在快速取勝，而不宜曠日持久，曠日持久易使軍隊疲憊，銳氣受挫。在現今這個資訊時代，一切都要求快速度、快節奏，「效率」已經成為決定成敗的關鍵。

當旭日初升，非洲草原上的動物就已開始奔跑。獅子自知如果牠跑不過羚羊，就會餓死；對羚羊來說，如果牠跑不過獅子，就會被吃掉。對企業而言，亦是此理。在社會進入資訊時代的重要歷史時期，市場反應速度決定著企業的命運，唯有能迅速應對市場變化者，才能成為市場逐鹿的佼佼者。

經濟和社會的發展驅動著競爭這一引擎。在市場經濟中，競爭被視為生存和發展的關鍵，以至於各行各業都在研究它、思索它，於是便有了麥可・波特（Michael E. Porter）著名的三種競爭策略。競爭的形式五花八門，但這些競爭的目的只有一個，就是爭取競爭優勢，促使企業成長發展。企業怎樣才能獲得競爭優勢呢？眾多管理學家和企業經營者們探索出形形色色的競爭優勢戰略，但是，無論採用什麼樣的方法，要在最終獲得競爭優勢，「速度」始終是不可或缺的要素。因此，企業必須在追求競爭優勢時注重速度，以保持市場競爭力。

美國思科公司（Cisco Systems, Inc.）前總裁兼執行長約翰・錢伯斯（John Chambers）在談到新經濟的規律時指出：「現代競爭已不是大魚吃小魚，而是快的吃掉慢的。」這無疑是成功者的經驗之談。現今，市場競爭異常激烈，市場風雲瞬息萬變，市場訊息的傳播速度大幅加速，誰能搶先一步獲得資訊、搶先一步做出應對，誰就能捷足先登，獨占商機。因此，在這「快者為王」的時代，速度已成為企業的基本生存法則。企業必須做到「快」，追求以快制慢，努力迅速應對市場變化。誠如此，爭勝始有望。

因此，「兵貴神速」的戰略原則同樣適用於當今「商戰」，即「商貴神速」。

在二〇〇〇年代初，Netflix和百視達（Blockbuster）都是影視娛樂業的主要參與者。當時，百視達是一家實體影碟租借店的巨頭，而Netflix則是一家提供郵寄DVD租借服務的新興公司。

在二〇〇〇年代中期，隨著數位科技的進步，Netflix創始人里德・哈斯廷斯（Reed Hastings）意識到了數位化娛樂的趨勢。他迅速調整了公司的策略，開始提供網路影片串流服務。訂閱者可以使用各種網路裝置連結到Netflix的線上內容資料庫，隨時隨地觀看影視節目。

相比之下，百視達採取了保守的策略，並未及時跟上科技和市場趨勢的變化。他們對於網絡視頻串流服務的潛在影響缺乏警覺，而且推出了過於緩慢的線上服務。

Netflix的快速決策使其在市場上取得了巨大的競爭優勢。他們的網絡視頻串流服務得到了廣泛的認可和採用，迅速吸引了大量的用戶。相反，百視達的遲緩導致了其業務的萎縮和最終的破產。

在經濟活動及消費者行為快速翻轉的時代，「速度」是這個社會最珍貴的東西，因為只有夠快，才能帶來成功。Netflix的迅速行動使其能夠在激烈的市場競爭中取得勝利，而百視達的遲緩則導致了它的失敗。速度快帶來的不只是直接產生商業利益，還有更大的現金流量，更高的營利能力及更高的市場份額。無論做什麼事、哪些方向，都要走在別人前面，速度都要超越他人。只有領先，才能獲得競爭優勢，才會獲得效益和進步。否則，一切都是空談。

【原文】

《孫子兵法・作戰篇》有云：「故兵貴勝，不貴久；故知兵之將，民之司命，國家安危之主也。」

【譯文】

用兵打仗，貴在快速取勝，而不宜曠日持久。真正懂得用兵之道、深知用兵利害的將帥，掌握著民眾的的生死，左右著國家的存亡。

3．天下英雄，不問出處

故車戰，得車十乘以上，賞其先得者，而更其旌旗，車雜而乘之，卒善而養之，是謂勝敵而益強。

在群雄逐鹿的東漢末年，曹操發跡稍遲，因而其聲望、實力在初始階段遠不如袁紹、袁術、劉表、公孫瓚等，但最後的贏家卻是曹操，究其原因，曹操用人智慧的超絕群倫，實堪玩味。

曹操用人不拘一格，親仇不避，用仇用降，真可謂「天下英雄，不問出身」，只要是有才之人，他都肯用。

宛城戰前，張繡投歸了曹操，卻因曹操要娶他的嬸母，張繡一怒之下打了曹操個措手不及，把曹操的愛子曹昂、愛侄曹安民、心腹戰將典韋等，都殺死了。這可謂血海深仇，任誰也嚥不下這口氣。但到了建安四年，袁紹不聽謀士田豐、沮授等人勸阻，率眾十餘萬南向許昌、準備一舉滅曹之時，為袁紹賣命的張繡卻在官渡大戰前夕，棄紹而降操。而曹操居然也能像沒事人一樣，不計前嫌，不僅允降，而且還對張繡加官進爵，封為列侯，後來還與他結為兒女親家。

魏種也是一個例子。魏種原是曹操的故舊好友，兗州戰役曹操敗績，投敵叛曹的人很多，曹操說：「唯魏種不棄孤也。」沒想到，連魏種也逃叛而去，這真是大傷了曹操的臉面。不久，魏種被捉了回來，曹操身邊有人建議把魏種殺了。曹操思量再三，「唯其才也」，還是「釋其縛而用之」（《三國志・武帝紀》）。如此對待魏種，感召了眾人，於是其他叛逃者，紛紛自動返回。

呂布兵敗後，其部將張遼被曹軍俘獲，曹操本要親自殺他，經關羽、劉備勸阻，知道張遼是個忠誠義士，應當留用，曹操立即擲劍於地，笑曰：「吾亦知文遠忠義，故戲之耳。」於是，親手為張遼鬆綁，把自己的衣服脫給他穿，並以上賓禮待之。張遼十分感動，遂降曹。後立下數功。

「建安七子」之一陳琳，原為袁紹記事，替袁紹寫文章。陳琳才氣橫溢，義正詞嚴，袁紹出兵討伐曹操時，曾命陳琳草擬檄文。曹操看到後，大為震驚，出了一身冷汗。他笑著說：

「有文事者，必須以武略濟之。陳琳文事雖佳，其如袁紹武略之不足何！」袁氏亡後，陳琳被捕，曹操惜他文采出眾，只教訓了幾句，仍任命他做管文書的官。

官渡之戰，袁紹大敗，主將張郃、高覽怕袁紹問罪，倒戈投奔曹操，但有人認為張、高二人來降，恐有詐，不可盡信。但曹操說：「吾以恩遇之，雖有異心，亦可變矣。」於是以禮相待，就此取得了他們兩人的忠誠。

張郃天蕩山失守，曹洪稟報曹操，認為張郃有罪，但曹操卻說：「非郃之罪，勝負乃兵家常事。」

曹操對待敵軍降將，一律不計前嫌，不予試探，將這些人一視同仁，量才放手而用，得益甚大。即使對那些降而復變或叛己投敵又被捉到的人，也千方百計再爭取過來。這種用人雅量實屬難得，充分反映了曹操非凡的政治家氣度。

在互相攻伐、爭奪政權的進程中，曹操為羅致人才，共發布過三次求賢令。這是同時代的其他人都未曾做過的。在〈求賢令〉中，他列舉了歷史上許多著名人物，其中有出身微賤者，如當過奴隸的伊尹、曾為罪犯的傅說、就職小吏的蕭何和曹參，後來都成為名相，用以反對按出身、家世、門第任人的標準。有名聲不佳者，如殺妻求榮的吳起、胯下受辱的韓信，後來成為名將，用以否定僅憑操守取人的原則。有執政者得私敵，如管仲與齊桓公有一箭之仇，管仲兵敗被囚，桓公愛其才任其相，一匡天下，用以說明任賢不避仇等等。他明確表示：「唯才是舉，吾得而用之。」

當然，網羅人才自然不是靠一紙榜文就能解決，但這三道求賢令顯然也並非做秀，曹操求賢若渴的心態躍然紙上，讓人心動。事實亦復如此。只要有高人來歸，曹操就喜形於色。如建安五年，許攸棄紹投操。許攸本是曹操的老友，因袁紹不重用他，置他的意見於不顧，許遂投奔曹操，曹操聽到消息，顧不得穿鞋，就連忙出門迎接，撫掌笑曰：「子遠，卿來，吾事濟已！」

唯才是舉是曹操用人的基本原則，在他龐大的經營團隊裡，智囊團的陣容一直是很強大的。這些來自各地的頂尖謀士，各有各的特色與專長，無論是施政的規劃或戰時的布局，都能各盡其能，讓曹操處於最有利的地位。

當年曹操與袁紹共同起兵討伐董卓時，袁紹曾問曹操，如果大事不濟，則何方面可據?袁紹自己的打算是南據黃河，北阻燕、代，兼戎狄之眾，南向以爭天下。後來他也果然這麼做了，可結果卻沒爭到天下。曹操當時說出一句志向氣度顯然比袁紹大得多的話來：「吾任天下之智力，以道御之，無所不可。」這句話的意思，是把人才視為政治鬥爭中最根本的戰略重點。

日後的事實證明，曹操身體力行了他的想法：曹操「官方授材，各因其器，矯情任算，不念舊惡」，在三國君主中以唯才是舉著稱。也正因為這樣，曹操麾下聚集了漢魏間最龐大優秀的一支人才隊伍，「文」有華歆、王朗、王粲、阮瑀、陳琳等；「謀」有荀彧、郭嘉、毛玠、荀攸、賈詡、許攸、程昱等；「武」有徐晃、張郃、夏侯淵、曹仁等。他的謀士們各有所長，各有千秋，所以曹營謀士聚在一起是百家爭鳴、百花齊放。而曹操正是靠這樣一支隊伍，戰勝對手、克成洪業。

曹操這種不問出身、唯才是舉的用人之道，值得我們現代人借鑑和學習。當然，現代人也不乏這種不問出身，唯才是舉的用人之道。

在生活中，鹹魚翻身絕非一己之力可達，無論做什麼事情，單靠一己之力很難把事情做好，正所謂「眾人拾柴火焰高」。這個道理用在企業中也是一樣。企業需要各種人才，縱觀各個成功人士，凡在事業上取得持續輝煌的人，絕不是靠一己之力去謀求自身發展的。人生最忌單打獨鬥，靠一己之力成功，必然導致孤立無援，受人排擠，遭人冷落。任何一個想成功的人，都要廣納人才，而後找到事業的靠山，建立堅固的同盟，打造穩固的後盾。「借人之力，成己之實」，以便創造人生的奇蹟，否則，成功將只能成為空想。

SpaceX是一家由伊隆・馬斯克（Elon Musk）於二〇〇二年創立的太空探索技術公司，旨在降低太空探索成本並實現人類成為多行星物種的願景。這家公司通過創新的工程和管理方式，以及對員工的不拘一格的僱用政策，成為了太空行業的領先者之一。

SpaceX實行一種獨特的人才招聘策略，他們尋找的是對太空探索充滿熱情並具有創造力的人，而不是傳統意義上的學歷和工作經驗。這使得公司能夠吸引來自不同背景、不同領域的人才，包括工程師、科學家、甚至藝術家和遊戲開發者。

這種不拘一格的僱用政策使得SpaceX擁有令人矚目的成就。他們成功發射了Falcon火箭系列，重複使用技術大大降低了太空探索的成本；建造了Crew Dragon太空船，為NASA宇航員提供可靠的送達國際空間站的交通工具等。

SpaceX的成功案例告訴我們，開放的用人態度和多樣化的團隊組成是企業取得成功的關鍵之一。

要想讓天下的人才為自己所用，並創一番事業，不問英雄的出身是前提，還要建立識別英雄的慧眼；否則，天下就算有再多的人才，也會與你錯身而過。也許，在這個世界上最難的就是識人了。如果已預見此人是位英雄，則可以直接錄用，沒必要詢問其出身來歷。作為領導者用才必須不拘一格，只要是有用的人才，就要打破地域、年齡、學歷、親疏等限制，大膽地用其「才」。這樣，何愁大事不成呢？

【原文】

《孫子兵法・作戰篇》：「故車戰，得車十乘以上，賞其先得者，而更其旌旗，車雜而乘之，卒善而養之，是謂勝敵而益強。」

【譯文】

在車戰中，凡是繳獲戰車十輛以上者，就獎賞最先奪得戰車的人，並且將繳獲的戰車換上我軍的旗幟，編入自己的戰車行列。對於戰俘，要善待他們，為我所用。這就是所謂「透過戰勝敵人，使自己更加強大」的意思。

4・知己知彼，百戰不殆

知彼知己，百戰不殆；不知彼而知己，一勝一負；不知彼不知己，每戰必殆。

孫子提出「知己知彼」原本是行軍之道，意思是用兵打仗只有「知己知彼」才能「百戰不殆」。其實，在日常生活中，要想妥善處理各式各樣的人際問題，何嘗不需要知己知彼呢？

一個人生活在社會上，難免與別人交往，要恰當地處理和他人的關係，就必須了解對方的情感、好惡、需求和個性，此所謂「知彼」。在與人交往的過程中，我們對自己的行為和心理傾向也應該有所察覺，清楚了解自己對對方的感覺，此所謂「知己」。只有對自己的態度做出準確的判斷，才能釐清我們在與別人交往的過程中可能會有哪些衝突和契合，從而及時進行調整，並有效消除交往過程中可能導致障礙和隔閡的不利因素，促進彼此關係的健康發展。

在與人交流時，也要做到知己知彼。如果對事件本身沒有清楚的理解，除了無法達成求人的目的外，往往還會傷害到對方的面子。反之，如果能夠掌握對方的狀況，那麼即使發表大膽的言論，也不至於對他人造成傷害，還可望達到所期待的目標。

我們在說話時，除了要考慮對方的身分、地位以外，還要留意對方的性格。有句話說：「一千個人就有一千種性格」，從人的性格多樣性來看，確實是如此。因此，在待人處世中，我們應學會對他人的性格作具體分析，知己知彼再開口行動，唯有如此，才能達到想要的結果。

《三國演義》中，馬超率兵攻打葭萌關[2]時，諸葛亮對劉備說：「只有張飛、趙雲二位將軍，方可對敵馬超。」

劉備回應：「子龍領兵在外回不來，翼德現在就在這裡，可以急速派遣他去迎戰。」

諸葛亮道：「主公先別開口，讓我來激激他。」

這時，張飛聽說馬超前來攻關，大吼而入，主動請求出戰。

2 中國古代的一處關隘，在今四川廣元市昭化區。

諸葛亮佯裝沒有聽見，對劉備說：「馬超智勇雙全，無人可敵，除非往荊州喚雲長前來，方能對敵。」

張飛急道：「軍師為何小看我？我曾獨力對抗曹操的百萬大軍，難道還怕馬超這個匹夫！」

諸葛亮說：「你在當陽據水斷橋，是因為曹操不知虛實才不敢冒進，若非如此，你怎能安然無事？馬超英勇無比，天下無人不曉，他在渭橋六戰，把曹操殺得割鬚棄袍，差一點喪了命，絕非等閒之輩，今天就算是雲長來，也未必能戰勝他。」

張飛道：「我這就去殺他個片甲不留，如戰勝不了馬超，甘當軍令！」

諸葛亮見激將法起了作用，便順水推舟地說：「既然你願意立下軍令狀，那就派你出任先鋒！」

結果張飛與馬超在葭萌關下酣戰了一晝夜，鬥了二百二十多個回合，雖然未能分出勝負，卻也重挫了馬超的銳氣，後被諸葛亮施計說服而歸順劉備。

在此，諸葛亮針對張飛脾氣暴躁的性格，採用了激將法來說服他。每當遇到重要戰事，先說他「擔當不了此任」，或說「怕他貪杯酒後誤事」，激他立下軍令狀，增強他的責任感和好勝心，激發他的鬥志和勇氣，並一併掃除其輕敵的思想。

諸葛亮藉著了解張飛的性格，刻意針對他施以適當的刺激，從而達到預期的效果。

在激烈的競爭中，客觀地、恰如其分地評估自己和對手的實力，從而採取有效的方法，是獲得成功的關鍵之所在。知己知彼是兩強競爭邁向勝利的第一步。

那麼，怎樣才能順利地踏出第一步呢？在人生的舞臺上，每個人都是個出色的演員，隨時隨地扮演著各種不同的角色，因而每個人必須對自己和別人的角色、身分、社會地位及行為規範做出準確的認識和判斷。

要做到知己知彼，首先得「認識自己」，即認清自己的優勢與劣勢。優劣勢是在競爭中不斷變化和發展的，也因此唯有在實際競爭互動的過程中才能確切的認識對方。清楚地認識自己，是邁向成功的第一步。

德國詩人歌德自幼認為自己有造型藝術的才能，並潛心追求這一目標。直到十四歲時，才體會到自己當初的判斷是錯誤的，後來，他在提及「認識自己」時提到，若你真正具備某種才能，你會對其擁有與生俱來的特殊感觸，無須太多指導，就能夠產生動力或自然傾向。雖然歌德的話未必符合實際狀況，但卻是他親自體驗「認識自己」的總結，值得借鑑。在「認識自己」之後，歌德成為聞名遐邇的偉大詩人。值得注意的是，「知己」並不是一次就可以完成的，它需要我們在一段時間的過程中不斷回饋，不斷調節才能達成。

當然，僅僅「知己」還不夠，還要「知彼」。要做到「知彼」，首先得弄清楚「彼」的一切背景。如果對競爭對手了解得不夠全面，就很難設想、制定出有效的競爭策略。

總之，「知己知彼」是取得勝利的基本前提，也是制定有效競爭策略的基本依據，有了這個前提和依據之後，就可以遊刃有餘地採取進攻和防守的基本策略，累積足夠的勝算。

當然，「知己知彼，百戰不殆。」此理不僅為古今中外許多軍事家所推崇，作為一種智慧，一種決策制勝方略，它同樣適用於社會生活的各個領域，特別適用於當前的商海、金融圈。

二〇二〇年，新冠疫情的爆發改變了世界各地的工作方式。遠程工作和遠程教育成為新常態，而視訊會議工具成為了這一時代的救星。在這場數字化轉型的浪潮中，Zoom和Microsoft Teams備受矚目，它們展開了一場激烈的商戰。

Zoom和Teams作為市場上的領先者，深知彼此的優勢和劣勢。Zoom以其簡單易用、高畫質、大規模參與等特點受到廣泛讚譽，而Teams則以其整合性、安全性和具與Microsoft其他產品的高度整合性而脫穎而出。

這兩家公司密切關注對手的動態，並快速推出新功能以提升自身競爭力。Zoom加強了安全性和隱私功能，並致力於改善會議體驗。而Teams則不斷擴展其整合性，並加強了與Office 365等Microsoft產品的連接性。

在價格方面，Zoom和Teams展開了激烈的競爭。兩家公司推出了各種不同的方案和定價策略，力求吸引更多的用戶。

這場商戰的結果尚未定論，但這兩家公司皆在知己知彼的競爭中不斷推動產品創新和提升服務品質。在這個快速發展的數字化時代，深入了解對手、快速反應市場需求以及提高客戶滿意度，已成為取得競爭優勢的關鍵。

古代戰場也好，現代商海也罷，都講究知己知彼，百戰不殆。知己，既要知己所長，更要知己所短。知己長，是為了更完善地發揮自己的優勢；知己短，是為了避敵鋒芒。兩者殊途同歸，都是為了戰勝對方。自己有諸多短處不要緊，要緊的是充分了解自己，冷靜、理性的思考，絕不能採取逃避的態度。讓我們以正確的觀念進行逆向的分析和思考，做到揚長補短！

【原文】

《孫子兵法‧謀攻篇》：「知彼知己，百戰不殆；不知彼而知己，一勝一負；不知彼不知己，每戰必殆。」

【譯文】

既了解敵人，又了解自己，百戰都不會有危險；不了解敵人但了解自己，或者勝利，或者失敗；既不了解敵人，也不了解自己，每次戰爭都將失敗。

5．避其銳氣，擊其惰歸

三軍可奪氣，將軍可奪心。是故朝氣銳，晝氣惰，暮氣歸。故善用兵者，避其銳氣，擊其惰歸，此治氣者也。

孫子所說的「氣」是指士氣，即士兵的戰鬥意志。士氣是構成軍隊戰鬥力的精神要素。軍事家拿破崙曾指出：「一支軍隊的戰鬥實力，四分之三由士氣構成。」拿破崙的話雖然有些誇張，但有一點是不容懷疑的，即：士氣的高低會直接影響戰爭的勝負。

軍隊初戰，士氣旺盛；中期，士氣下降；後期，士氣衰竭。因此，古今中外的軍事家們在作戰時，總是設法避開敵人的銳氣，待敵人疲憊、鬆懈時再去攻擊它；對於己方，則總是要極力營造一種同仇敵愾的氣氛，激勵我軍的士氣。

戰國時代，眾多諸侯國並列，其中幾個勢力強大的諸侯國便想爭取霸主地位。齊國就是其一。齊國君主齊桓公仗著兵力強大，於西元前六八四年向弱小的魯國發起進攻。魯國君主魯莊公決心跟齊國拼一死戰。

這件事激起魯國人民群起憤慨。有個魯國人曹劌，準備去見魯莊公，要求參加抗齊的戰爭。在一番晤談後，魯莊公知道他是個有才識的人，便讓他和自己同坐一輛戰車，來到長勺前線。

齊魯軍在長勺（今山東萊蕪東北）擺開陣勢。齊軍仗著人多，一開始就擂響了戰鼓，發動進攻。魯莊公也準備下令反擊，曹劌連忙阻止，說：「且慢，還不到時候呢！」

當齊軍擂響第二通戰鼓的時候，曹劌還是請魯莊公按兵不動。魯軍將士看到齊軍張牙舞爪的樣子，氣得摩拳擦掌，但沒有主帥的命令，只能憋著氣等待。

齊軍主帥看魯軍毫無動靜，又下令打第三通鼓。這時齊軍士兵以為魯軍膽怯怕戰，耀武揚威地衝殺過來。

曹劌這才對魯莊公說：「現在可以下令反攻了。」

此時魯軍的陣地上響起了進軍鼓，士兵士氣高漲，像猛虎下山般撲了過去。齊軍士兵沒防到這一著，招架不住魯軍的凌厲攻勢，敗下陣來。

魯莊公見齊軍敗退，忙不迭要下令追擊，曹劌又拉住他說：「別著急！」說著，他跳下戰車，低下頭觀察齊軍戰車留下的車轍，接著，又上車爬到車桿子上，望了望敵方撤退的隊形，這才說道：「請主公下令追擊吧！」

魯軍士兵聽到追擊的命令，個個奮勇當先，乘勝追擊，終於把齊軍趕出魯國國境。魯軍取得反攻的勝利後，魯莊公對曹劌鎮靜自若的指揮，暗暗佩服，但心裡總還有不解。回到宮裡，他先向曹劌慰勞了幾句，便問：「頭兩回齊軍擊鼓，你為什麼不讓我軍反擊？」

曹劌說：「打仗這件事，全憑士氣。對方擂第一通鼓的時候，士氣最足；第二通鼓，氣就鬆了一些，到第三通鼓，氣已經洩了。當對方洩氣時，我們的兵士卻是鼓足了士氣，這時哪有打不贏的道理？」

魯莊公接著問：「那又是為什麼不立刻追擊？」

曹劌說：「當敵軍潰逃時，要防備對方可能佯敗設伏，我是觀察過後見他們旗幟歪倒，車轍痕跡混亂，才相信他們是真的敗退了。」

魯莊公這才恍然大悟，稱讚曹劌設想周到。

在曹劌指揮下，魯國擊退了齊軍，局勢穩定了下來。

北宋年間，北疆外的西夏和遼（即契丹）逐漸興起。一〇四四年，遼國夾山部落八百戶叛遼歸順西夏，遼興宗耶律宗真向西夏主趙元昊索歸八百戶人馬。趙元昊不答應，兩國大動干戈。

交戰初期，遼國倚仗兵力的優勢，連連取勝，西夏軍大敗之後，趙元昊退到賀蘭山中。遼軍的野戰能力比宋軍好，趙元昊見力戰難以取勝，心生一計，乃寫下「議和書」求和，請求遼軍退師十里，以便自己收回叛逃遼國的党項[3]，進獻方物。與此同時，趙元昊下令將所有的糧食帶走，繼續後退，還四處放火，將牧草一燒而光。

遼朝韓國王蕭惠接到「議和書」後，放聲冷笑不止。「議和書」上寫道：「……夏兵接連數敗，已無力再戰，請求韓國王同意罷戰議和……」

蕭惠對西夏使者說：「早知如此，何必當初。現在才想求和，晚了！」

蕭惠揮軍直抵西夏大營，但所到之處，早已人去營空，只有一片焦土，漫漫煙霧。蕭惠氣急敗壞，率兵急追，耶律宗真緊隨其後。遼兵追趕幾十里後，又是只見一片焦土，幾座空營。

3 古代三苗的遺裔。居析支之地，漢時為西羌別種，也稱為「党項羌」。唐賜姓李，世為夏州節度使。宋賜姓趙，傳至元昊，舉兵反，稱帝，史稱為「西夏」。

如此數次，遼軍又追趕西夏軍前進了一百餘里，趙元昊燒盡了牧草，沒有給遼軍留下一根糧草，但此時遼國大軍已深入西夏腹地，人斷糧、馬斷草，饑渴難耐，個個又睏又乏。就在這時，趙元昊指揮的西夏大軍猶如從天而降，從四面八方合圍上來；而遼軍已是強弩之末，加上兼無糧無草，頓時兵敗如山倒。趙元昊乘勝追擊，殲滅耶律宗真大軍，此時耶律宗真只能率領親信數人奔逃。

趙元昊避敵銳氣，誘敵深入，果斷出擊，以弱制強，鞏固了西夏國的地位。

曹劌和趙元昊都是避敵銳氣，擊敵惰處，以上兩個事例可以說是「避銳擊惰」謀略的典型事例。「實」與「虛」是謀略思維藝術中的重要辯證範疇。「銳」與「惰」不過是「實」與「虛」中的一種特殊表現。一般說來，戰爭中的「惰」不過是「實」與「虛」中的一種特殊表現。

法國時裝品牌卡紛（Carven）以其獨特的設計風格、注重品質的製作工藝以及精準的營銷策略而聞名。該品牌創始人瑪麗—路易斯・卡紛（Marie-Louise Carven）於一九四五年創立了這個品牌，她的設計理念以及對時尚的敏銳洞察力使得卡紛品牌迅速成為時尚界的新星。

卡紛品牌的服裝設計風格獨具一格，注重剪裁和細節，融合了優雅與時尚，深受現代女性的喜愛。品牌對於品質和工藝的要求極高，選擇高品質的面料和材料，並且製作工藝精湛，確保每一件服裝都能夠兼具時尚和舒適。

她成功的祕訣在於應用了孫子的「避銳擊惰」與「避實擊虛」的策略。在市場定位和營銷方面，卡紛成功地避開了同行的競爭，而精準地定位於一個當時沒有人涉足的領域——高端市場，並運用時尚雜誌、社交媒體和時裝秀等渠道進行品牌推廣，建立了良好的品牌形象和聲譽，吸引目標受眾的注意。

瑪麗—路易斯・卡紛的故事告訴我們，成功不僅僅來自於擁有強大的競爭力和銳氣——自我的優勢、明智的策略。與其在紅海中競爭，不如避開競爭激烈的市場，轉而專注於一個空白或者被忽視的市場領域，讓卡紛更能夠在行業中脫穎而出，獲得成功。

「避實擊虛、避銳擊惰」的謀略思維藝術，在於審度敵人的虛實之處，把握敵人的危機所在，然後乘虛取勝；而我方則要利用虛實的變換，達到出其不意，攻其不備的目的。在現代戰爭的條件下，虛實的變換更加巧妙，作戰雙方避實擊虛的手段和方法也更加豐富了。因此「避銳擊惰」的謀略思維藝術則更需要高度重視和巧妙利用。當然，這種「避銳擊惰」的謀略運用在商場上，也是一項不錯的應敵之策。

【原文】

《孫子兵法·軍爭篇》：「三軍可奪氣，將軍可奪心。是故朝氣銳，晝氣惰，暮氣歸。故善用兵者，避其銳氣，擊其惰歸，此治氣者也。」

【譯文】

對於敵方三軍，可以挫傷其銳氣，可使其喪失士氣，對於敵方的將帥，可以動搖他的決心，可使其喪失鬥志。所以，敵人早晨初至，其所氣必盛；陳兵至中午，則人力困倦而氣亦怠惰；待至日暮，人心思歸，其氣益衰。善於用兵的人，敵之氣銳則避之，趁其士氣衰竭時才發起猛攻，這就是正確運用士氣的原則。

6・出奇制勝

凡戰者，以正合，以奇勝。

「正」和「奇」是我國古代的軍事術語，所謂「正」，是指指揮作戰所運用的「常法」；所謂「奇」，是指指揮作戰所運用的「變法」。例如：從正面進攻為「正」，從側、從後襲擊為「奇」。又如：常規的指揮原則和方法為「正」；隨機應變、慧心獨創的指揮原則和方法為「奇」。

出奇制勝是韜略家們普遍追求的最高目標，其中原因，也是眾所周知，因為出奇招可以從阻力最小、效益最大的途徑達到目的。從軍事角度而言，出奇制勝為用兵之關鍵，制勝之樞機。用「奇」的核心，在於攻其無備，出其不意，根據敵情，靈活運用，不拘泥常法。極而言之，

「奇」是一種全新的創造，它既要充分利用對方的思維弱點，偵破、捕獲對方的思想空隙，大膽突破思維的框框、常規，又要符合客觀實際情況，有根有據，避免失去基礎，走入絕境。

能不能活用奇正之術，出奇制勝，是檢驗戰場上各級指揮官是否高明的試金石。

馬倫哥（Marengo）是一個小村莊，地處亞歷山大城和托爾托納之間的平原地帶。一八〇〇年初，拿破倫決定在這裡擊潰奧地利大軍。

拿破崙的對手是強大的。當時，軍備供應充足的奧地利軍隊集中在義大利北方戰場的南部，朝著熱那亞的方向。奧地利軍隊統帥梅拉斯是一位久經沙場的正規將軍，他把可能與拿破崙軍隊相遇的所有地點幾乎都想到了，但就是沒有想到馬倫哥。因為他認為拿破崙不會愚蠢到從瑞士越過聖伯爾納峽谷進軍——那條可怕的路上，有酷寒、雪崩、暴風雪，以及萬丈深淵，隨時都會把拿破崙和他的士兵活埋。

然而，拿破崙選擇的，恰恰就是這條進軍路線。

儘管大炮、彈藥箱不時陷入深淵，儘管凜冽的北風不時將士兵們吹倒，但拿破崙始終堅定不移地指揮部隊前進。全軍在懸崖峭壁之間展開了漫長的行列。五月十六日，全軍開始攀登阿爾卑斯山。五月二十一日，拿破崙帶領主力抵達聖伯爾納峽谷。五月末，拿破崙率領全軍，一個師跟著一個師地離開了阿爾卑斯山南部的峽谷，突然出現在奧地利軍隊後方，直奔米蘭。六月二十日，拿破崙攻占倫巴底（Lombardia），然後又以迅雷不及掩耳之勢占領了帕維亞（Pavia）、克雷莫納（Cremona）、皮亞琴察（Piacenza）以及威尼斯共和國領地上的最大城市——布里西亞。

梅拉斯調集重兵，急忙前去迎擊從北部突然襲來的法軍，雙方的主力在馬倫哥相遇。

此時奧地利軍隊仍處於優勢：當拿破崙在峽谷中艱苦行軍之時，梅拉斯和他的部下正在義大利的城市和鄉村中以逸待勞；拿破崙身邊只有兩萬人，梅拉斯有三萬人；拿破崙只有少許炮兵，雙方大炮的比數是十五門對一百門。

六月十四日晨，戰幕一揭開，奧軍就顯示了強大實力，法軍邊戰邊退。下午二時許，法軍的敗局似乎已無法扭轉，三時後，歡喜若狂的梅拉斯甚至派人去維也納報告奧地利軍隊已勝的消息，還列舉了戰利品和俘虜的數量。

拿破崙從容依舊，他再三向他的將軍們強調：「戰鬥尚未結束，要堅持，堅持！」

四時剛過，情況突然發生急劇變化：被拿破崙派往南方去截斷敵人從熱那亞撤退後路的德賽將軍，率領他的師隊，以最快速度回到了拿破崙的身邊。

拿破崙的信心陡增，他果斷地命令德賽將軍身邊的小鼓手：「小鼓手，敲進軍鼓！」跟著小鼓手猛烈的鼓聲，隨著德賽軍的閃閃劍光，德塞師向奧地利軍隊席捲而去。接著，拿破崙的全軍也蜂擁而上。在激昂的進軍鼓聲中，法軍踏過遺體和傷患，越過營壘和戰壕，不停地開闢著勝利的道路……

奧地利軍隊被徹底粉碎，一半奧地利軍隊炮兵被俘，成千上萬的奧軍官兵被擊斃、被俘虜。

馬倫哥戰役中，拿破崙以他卓越的軍事才幹，過人的膽識和勇氣，出奇制勝，創造了軍事史上的奇蹟。在競爭激烈的今天，要想讓自己立於不敗之地，就看你在與對手過招的過程中，能否找到對手的痛處，抓住要害，掌握主動，然後乘勢出擊。

小到生活瑣事，大到科學立說，反常規的非思維定勢往往能幫助人們取得新成果。當然，這個法則在商界也屢建奇功，歷代不少商界英豪就是運用它而擊敗對手，搶占市場，成為巨富。

戰場與市場雖不盡相同，但是高明的商人也應如將帥一樣獨具慧眼，在市場競爭中，先知先行，為同行之所未想，為對手之所不能，出奇無窮，使經濟實力蒸蒸日上；相反的，你能人也能，你有人也有，滿足於一般經營，對市場機遇熟視無睹，則必有倒閉破產的危險。但是，研發出奇商品，攻市場之不備，出顧客之不意，必須以先進技術為基礎，立足於市場實際和企業的實力，應以高效率將科技轉化為生產力，才能捕捉到市場機遇。

美國販賣牛肉餅的餐館很多，但只有雷蒙德・亞伯特・「雷」・克洛克（Raymond Albert "Ray" Kroc）被稱為「牛肉餅大王」，他的創業是個傳奇。

克洛克在高中二年級休學離校之後，在幾個旅行樂團裡做過鋼琴師；在芝加哥無線電臺當過音樂節目導播；在佛羅里達推銷過房地產；還在中西部賣過紙杯，他深知失敗的滋味。

克洛克在一九三七年開始獨立做生意，擔任一家經銷奶昔機的小公司頭頭。奶昔機是一種能同時混合拌勻五種乳品的機器。一九五四年，他在加州聖伯那地諾城發現了一家小餐廳。老闆是麥當勞兄弟（McDonald brothers），他們要買八台機器。因為從來沒有人買過這麼多，克洛克決定親自去看看麥氏兄弟的工作[4]。他到了聖伯那地諾城，馬上看出麥氏兄弟已經踏進了一座金礦。他看到，客人站著排隊搶購他們的牛肉餅。

克洛克非常驚訝，他問麥氏兄弟為什麼不多開幾家餐館。他們說：「看到上面那棟房子了嗎？」他說，「那就是我的家，我喜歡那邊。如果我們開了連鎖餐館，我們就永遠不會有閒暇時間回家了。」

克洛克知道機會來了，他請求麥氏兄弟同意提供他在全國各地開分店的經銷權，條件是抽取一%的利潤。麥氏兄弟答應了克洛克。自此，克洛克專心致志地幹了起來，他擁有的第一家麥氏餐館於一九五五年四月十五日在芝加哥郊區開張，第二家於同年九月在加州的弗列斯諾市開業；第三家是在同年十二月在加州雷薩達市開業；後來增設分店的速度越來越快，到一九六〇年，一共有二二八家麥氏餐廳分設各地。然而，漸漸的雷・克洛克與麥當勞兄弟倆的經營理念開始出現嚴重的分歧，導致後續在麥當勞經營上的困境，雙方互不相讓。克洛克甚至還直接

4 雷克洛克當年推銷的奶昔機，號稱一台機器可以同時做出五杯奶昔，這台超高效率的機器價格不斐，一台要價一百五十元美金。而麥當勞兄弟向雷克洛克一次訂購八台，等於是付了一筆一千二百元美金的大訂單。這對當年推銷頻頻碰壁的雷・克洛克而言，確實是一筆大訂單。

在麥當勞兄弟倆的最原始店附近，直接大剌剌開了一家麥當勞，想與兩兄弟互別苗頭[5]。最後，克洛克於一九六一年，以二七〇萬美元向麥氏兄弟買下主權。一九六八年前，每年大約有一百家陸續開張，以後更增加到每年兩百家。這正是如今享譽全球的麥當勞創辦人的商業版圖創建過程。

孫子兵法強調要「出奇制勝」。商場如戰場，因情循理，這就是所謂「正」，然而，正不避奇，正中出奇，是制勝的法寶。商場中要有經營者敏銳的洞察力，還要善於捕捉商機，用出奇制勝的策略，與眾不同的眼光，才能得到意想不到的收穫。

5 麥當勞兄弟因為在創始期間忘記註冊「麥當勞」商標，而被迫將原本店名改為「大麥」（The Big M）。

【原文】

《孫子兵法・兵勢篇》：「凡戰者，以正合，以奇勝。」

【譯文】

大凡作戰，都是以正兵作正面交戰，而用奇兵去出奇制勝。

7．以虛誘之，以實擊之

夫兵形象水，水之形，避高而趨下；兵之形，避實而擊虛。

古今中外，有許多避實就虛取得成功的典例。例如西元前五百多年，孔子的學生子貢，他曾經一度為官，後來棄官從商，他在經商中運用「避實就虛」計策而獲得經營成功。子貢的經營法則是待價而沽，即「好廢舉，與時轉貨貲。」這句話的意思是掌握時機，從中轉易，賤則買進，貴則賣出。子貢做到了「避實就虛」，所以盈利比競爭者豐厚得多。

梁晉兩大割據勢力自唐末便結下了怨仇。梁太祖朱溫和晉王李存勖屢次發生戰爭，但雙方僵持不下，誰也沒能消滅對方。

梁太祖乾化元年，另一割據勢力燕王劉守光進攻容城，結果被晉軍反攻至幽州城下，劉守光只得向朱溫求救。

朱溫聞訊，盡起大軍，號稱五十萬，北上救燕。當時，晉忻州刺史李存勖進駐趙州。梁軍浩浩蕩蕩殺奔而來，而趙州只有少數晉軍。由於朱溫的勢力相形之下太強大了，因此李存勖的部下建議他入城躲避。李存勖分析了形勢，不同意這樣做。

他說：「大王將南方戰事交給我們幾個人，我們必須盡心盡力。雖然我們兵微將寡，我們仍然要擋住敵人，否則的話，梁軍攻入內地，大王就危險了。讓我們想想辦法，用奇計打敗敵人吧。」

於是，李存勖親自駐守下博橋，又令史建瑭、李嗣肱派出小股部隊，深入梁軍占領區。小股部隊避開梁軍大隊人馬，專捉打柴割草的散兵，共抓了幾百人。他們和李存勖在下博橋會合後，李存勖將大部分俘虜殺掉，僅留下少數人，砍掉這些人的胳膊之後，把他們放了。這些人離開前，李存勖對他們說：「回去告訴朱溫，晉王大軍到了。」

這時，朱溫率領的大軍已攻到了趙州，還沒來得及安營。而另一方史建瑭、李嗣肱各帶領三百奇兵，穿著梁軍的衣服，打著梁軍的旗號，和梁軍打柴的夾雜在一起，向朱溫大營開去。

他們在傍晚到達大營門口，突然向梁軍發起攻擊，因為梁軍一時之間摸不著頭緒，又分不清敵我，這使得晉軍在朱溫大營內如入無人之境，痛痛快快大殺了一遍，一直殺到天黑。然後，在夜色的掩護下，帶著拘提到的俘虜，揚長而去。

梁軍遭到突襲，正在惶惶不安之際，那些斷臂的俘虜又跑了回來，一入大營便大聲喊叫：「晉王的大軍到了。」朱溫聽了之後，因為不明真相，便命令部隊連夜後撤。

梁軍一口氣跑了一百五十多里，這些士兵恨不得生出四條腿，保命要緊，連武器也不要了。一路上趙州的老百姓也拿著鋤頭，追趕梁軍，梁軍死傷無數。朱溫一直到退出冀州之後，才派部下進行偵察。回來的人報告說：「晉王大軍根本沒來，襲擊我們的只是幾百人的小部隊。」

朱溫聽了之後，又氣又恨，竟然病倒了。

李存勖趙州一戰，出其不意，僅以幾百人打敗了朱溫五萬人，取得了輝煌勝利。

避實擊虛是《孫子兵法》的核心理念，其他的原則都是遵循這一原則而產生的。正是這個原則使得李存勖打敗了朱溫，取得了勝利。

「避實擊虛」是一條重要的戰術原則，也是一條戰略指導思想，在古代軍事實踐中得到了廣泛的應用。在現代戰爭中，這條法則仍然具備高度的重要性，受到軍事指揮家的高度重視。

二〇一六年日本啤酒業界排名老四的札幌啤酒（Sapporo）啤酒公司推出了一款名為「白色啤酒」（White Belg）的新品，上市後不久即受到了女性和精釀啤酒愛好者的歡迎，並在網路通路上熱賣。

札幌啤酒是如何創造如此佳績的呢？札幌啤酒知道自己在實體通路的競爭恐不及三得利（SUNTORY）和麒麟（Kirin）等品牌，於是採取了一系列「避實擊虛」的策略來贏得市場。該公司的廣域流通本部主管木內一搏決定，與其走傳統的實體店銷售路線，不如專攻網路渠道。他選擇了在網路上大舉宣傳，而非傳統的實體店面，因為他知道啤酒類產品如果一開始沒有成績，很難在實體店鋪中得到突出的陳列位置。為了確保銷售持續增長，木內一搏將注意力轉向了以日用品為主的網站LOHACO，在那裡可以自由地展示商品並利用多種視覺素材。此外，他還在網上募集了消費者對產品的評價，並讓好評發酵，這網路聲量也影響到了實體店的銷售。

結果，札幌啤酒的白色啤酒在二〇一六年上半年登上了新品銷售榜首，且在全年度排名第二。而其中一〇%以上的銷售額來自電商銷售。

以己之長，擊敵之短，這是戰爭的基本常識。再強大的敵人，也有虛弱的地方，善於發現弱敵和強敵之弱點，對於弱者來說，是以弱勝強的唯一可行辦法。

【原文】

《孫子兵法．虛實篇》：「夫兵形象水，水之形，避高而趨下；兵之形，避實而擊虛。」

【譯文】

兵的形狀就像水一樣，水流動時是避開高處流向低處，用兵取勝的關鍵是避開設防嚴密、實力強大的敵人，攻擊其薄弱環節。

8・巧妙借勢

故善戰者，求之於勢，不責於人，故能擇人而任勢。

明代揭暄《兵經百篇》提出：「艱於力則借敵之力，難於誅則借敵之刃，乏於財則借敵之財，缺於物則借敵之物……」借戰計應用的經典，就是諸葛亮的草船借箭。

諸葛亮在推動孫劉聯盟的建立和運籌對曹軍作戰的方略中，所表現出的遠見卓識和超人才智，使器量狹小的周瑜妒火中燒。為解除諸葛亮對他的威脅，周瑜又設下置諸葛亮於死地的圈套。

周瑜的如意算盤是：一方面以對曹軍作戰急需為名，委託諸葛亮在十日之內督造十萬枝箭；一方面吩咐工匠故意怠工拖延，並在物料方面給諸葛亮出難題，設置障礙，害諸葛亮無法按期交差。然後周瑜再名正言順地除掉諸葛亮。圈套布置好的第二天，周瑜就集眾將於帳下，並請諸葛亮一起議事。

當周瑜提出讓諸葛亮在十日之內趕製十萬枝箭的要求時，諸葛亮卻出人意外地說：「操軍即日將至，若候十日，必誤大事。」他還表示：只須三天的時間，就可以辦完覆命。周瑜一聽大喜，當即與諸葛亮立下了軍令狀。在周瑜看來，諸葛亮無論如何也不可能在三天之內造出十萬枝箭，因此，諸葛亮必死無疑。

諸葛亮離開以後，周瑜便派魯肅到諸葛亮處查看動靜，打探虛實。

諸葛亮一見魯肅來臨，即稱：「三日之內如何能造出十萬枝箭？還望子敬救我！」忠厚善良的魯肅回答說：「你自取其禍，我該如何救你？」

諸葛亮說：「只望你借給我二十艘船，每船配置三十名軍卒，船隻全用青布為幔，各束草把千餘個，分別豎在船的兩舷。這一切，我自有妙用，到第三日包管會有十萬枝箭。但有一件事要請你幫忙，那就是千萬不能讓周瑜知道。如果他知道了，必定從中作梗，我的計畫就很難實現了。」

魯肅雖然答應了諸葛亮的請求，但並不明白諸葛亮的意思。他見到周瑜後，避開不談借船之事，只說諸葛亮並沒有準備造箭用的竹、翎毛、膠漆等物品。周瑜聽罷，也大惑不解。

諸葛亮向魯肅借得船隻、兵卒以後，按計畫準備停當。可是一連兩天諸葛亮卻毫無動靜，直到第三天夜裡四更時分，他才祕密地將魯肅請到船上，並告訴魯肅「現在要去取箭了。」

魯肅不解地問：「到何處去取？」

諸葛亮回答道：「子敬不用問，前去便知。」

魯肅被弄得莫名其妙，只得陪伴著諸葛亮去看個究竟。

當天夜裡，大霧漫天，水上的霧氣更是伸手不見五指。霧越大，諸葛亮越是命令船隊快速前進。到船隊接近魏軍營地時，諸葛亮命令把船隊一字排開，接著命令軍士在船上擂鼓吶喊。

魯肅見此景象嚇壞了，對諸葛亮說：「我們只有二十艘小船，六百餘士兵，萬一魏兵打來，我們可就必死無疑了。」

諸葛亮卻笑著說：「我敢肯定，魏兵不會在大霧中出兵的，我們只管在船裡喝酒吧！」

再說魏軍營中，聽到擂鼓吶喊聲，主帥曹操連忙召集大將商議對策。最後決定，因為長江上濃霧重重，不知道敵人的具體情況，所以派水軍弓箭手亂箭射擊，以防敵軍登陸。於是魏軍派出約一萬名弓箭手趕到江邊，朝著有吶喊聲的地方猛烈射箭。一時間，箭雨紛飛，不一會兒，船身的草把上都紮滿了箭。這時，諸葛亮命令船隊掉頭，把沒有受箭的一側面向魏軍，很快地，上面也紮滿了箭。諸葛亮估計船上的箭紮得差不多了，就命令船隊迅速返回，這時大霧也漸漸開始散去，等魏軍弄清楚發生的事情時，已是後悔莫及。

當諸葛亮的船隊到達吳軍營地時，吳國的主帥周瑜已經派五百名軍士等著搬箭了，經過清點，船上的草把中足足有十萬支箭。吳國的元帥周瑜也不得不佩服諸葛亮的智慧。諸葛亮怎麼會知道當天晚上水上會有大霧呢？原來，他善於觀察天氣變化，經過對天象的仔細推算，得出當晚有大霧的結論。就這樣，諸葛亮運用自己的智慧巧妙地從敵軍那裡借來了十萬支箭。

諸葛亮的草船借箭是借勢的代表之戰。當然，借勢之計不僅用在軍事上，在現實生活中、工作中、商戰中，同樣能得以應用。

一個人，無論能力多強，縱然長了三頭六臂，也不可能獨力打天下。要發展、要成功，自身的努力是關鍵，但善於借助各種資源，善於利用各種可用之力，借船出海，借梯登高，不但能收到事半功倍之效，也是奮鬥創業必須要具備的一種本領。瀑布之所以能揚起奔騰咆哮的激流，就在於它從高高的山巔落下；鳥兒之所以能在天空自由飛翔，就在於牠善於凌駕起伏的氣流。在現代社會中，「借勢」不失為一種借助外勢以彰顯自我、謀取競爭優勢的策略。凡善借勢者，就能夠以少勝多、以弱勝強、以小博大。

我們常說「大勢所趨」，就是指客觀事物的發展趨勢是阻擋不了的，國家的戰略發展是大勢，企業的戰略發展也屬於大勢。大勢就是指事物的戰略性發展規律，掌握大的形勢，有利於在策劃時保持主動。歷史上的商鞅變法及王安石變法都是借用歷史變法的大勢而取得成功的。

中國消費品巨頭農夫山泉水的廣告口號：「賣水捐奧運，借勢又揚名」，「再小的力量也是一種支持」，他們喊出「從現在起，買一瓶農夫山泉，就為申奧（申辦奧運）捐出一分錢」，這是北京申辦二〇〇八年的奧運會過程中，中央電視臺播放的一則農夫山泉廣告。農夫山泉宣揚「聚沙成塔」的宣傳理念，讓消費者分不清這是商業廣告還是公益廣告。

農夫山泉不以個體的名義，而是代表消費者群體的利益來支持北京申奧，以企業行為帶動社會行為，以商業性推動公益性。這種新穎的行銷方式，引起社會的廣泛關注。

「喝農夫山泉，為申奧捐一分錢」活動開展後，半年多的時間，「農夫山泉奧運裝」在中國銷售近五億瓶，比上年同期翻一番，也就是說，農夫山泉代表消費者已為北京中奧貢獻了近五百萬人民幣，「一分錢」做出了大文章。

借的是消費者的錢，卻使消費者心甘情願地掏錢，寓行銷於無形之中，可謂借花獻佛。

在當今這個競爭日益激烈的市場經濟時代，想要在商場上做出一番成就，在複雜的商戰中永遠立於不敗之地，僅靠單打獨鬥是行不通的。俗話說：「就算身是鐵，又能打幾顆釘？」應該學會「借力」，才能成大事。

「會借別人的手幫自己幹活，就等於自己在幹活。」無論是本企業的員工，還是你的顧客，或者是你根本不曾相識的人……只要你「會」借，能夠使他們心甘情願地幫你做事，做到「畢其智為己所用」，就一定能夠心想事成。

「借力」不僅是發財的高招，也是一個成大事者必須具備的能力。自食其力的人是很值得尊敬的；但如果能夠同時懂得借助他人的力量，那就更是無所不能、無往不利了。

靈活運用「借」這一招，不管在財富積累上，還是在個人經驗積累上，都能使你受益匪淺。

【原文】

《孫子兵法・兵勢篇》：「故善戰者，求之於勢，不責於人，故能擇人而任勢。」

【譯文】

善於作戰的人，懂得借助於有利的態勢而取勝，而非受限於自身的力量，所以這樣的人在指揮作戰時，能夠將自身的力量與態勢巧妙的結合起來。

9・以退為進

昔之善戰者，先為不可勝，以待敵之可勝，不可勝在己，可勝在敵。故善戰者，能為不可勝，不能使敵必可勝。故曰：勝可知，而不可為。

現今的社會，往往給予我們太多壓力。每個人面對壓力有不同的反應，有些人被壓力壓垮，有些人則能藉壓力開創新的生活。

其實，當我們面對紛至沓來的壓力時，不妨學習一下雪松的精神。當大雪來臨時，不一會兒，樹上就落了厚厚的一層雪。不過當雪積到一定程度，雪松那富有彈性的枝條就會向下彎曲，直到雪從枝條上滑落。如此反覆地積雪、反覆地彎曲、反覆地恢復，雪松的枝條依然完好無損。然而其他的樹，因為沒有這個本領，樹枝卻是一下子就被壓斷了，雪松因為其堅毅的特質，使它順利度過了大雪紛飛的寒冬。對於外界的壓力，我們要盡可能的學習調節，在受不了時，學著彎下身，就像雪松一樣懂得暫時讓步，這樣就不會被壓力擊垮。彎曲不是倒下，也不是毀滅——它是一種生存方式，也是人生的一門藝術。

以退為進，由高到低，這既是自我表現的一種藝術，也是生存競爭的一種策略。有時候，不刻意去追求反而能讓自己有所得，追求得太迫切、太執著反而只能徒增煩惱。以退為進，這種柔軟的生存方式有時比直衝更有成效。面對壓力、障礙，後退幾步，再加上衝力，成功的希望可能最大。

《史記・滑稽列傳》中，也有這樣一則以退為進的故事：莊王最鍾愛的一匹馬死了，遂命令全體大臣為死馬致哀，並要用一棺一槨裝殮，按大夫的禮節舉行葬禮。百官認為不妥，紛紛勸阻。

莊王大怒，下令誰再勸阻，定判死罪。宮中有個叫優孟的人求見莊王，他一走進宮殿，便嚎啕大哭。莊王詢問原因後，優孟說：「這匹馬是大王最心愛的馬，以楚國之大，什麼東西弄不到！現在卻只以大夫的葬禮來辦喪事，太輕慢了！我請求用群王的禮儀來埋葬地。」

楚莊王一聽非常高興，便問：「依你之見，該怎麼埋葬好呢？」

優孟說：「最好以雕琢的白玉作棺材，以精美的梓木做外槨。還要建造一座祠廟，放上牌位，追封牠為『萬戶侯』。這樣天下的人就會知道，大王是多麼輕賤人而重視馬了。」

楚莊王聞言，這才如夢初醒，自嘲：「原來我的錯竟到了這種地步！」

日本是全球角色經濟密度最高的國家，不論是原創角色人物還是動漫畫衍生的圖像授權和周邊商品販售，在該國都十分盛行。因此，日本的四十七個都道府縣都擁有自己的吉祥物，其中以熊本縣的吉祥物熊本熊尤為引人注目。

熊本熊（Kumamon）於二〇一〇年出道，其背後的推手僅是當地完全沒有經驗的小小公務員，但在短短三年內成功地將熊本熊打造成了熱門角色。熊本縣政府不僅讓熊本熊出現在政府的宣傳中，還開放了其肖像使用權，讓廠商申請使用時不需要支付任何費用。雖然這種方式沒有為國庫帶來大筆授權金，但卻讓熊本熊與更多世界一流企業合作，有效提升了熊本縣的知名度。例如，BMW與熊本縣合作推出的熊本熊特別版Mini汽車、Leica相機推出的兩款熊本熊特別版相機，以及本田汽車推出的限量版熊本熊主題機車，都成為市場上的熱門商品。而固力果推出的熊本熊巧克力百奇更是吸引了廣泛的關注，成為了甜品界的新寵兒。

這種「以退為進」的策略，引領了一場新的經濟奇蹟。透過放棄傳統的授權金模式，熊本縣政府成功地吸引了更多的合作夥伴和投資者，為地方經濟的發展開創了新的可能性。據資料顯示，熊本熊的代言銷售額在二〇二〇年竟達到了驚人的一千七百億日元（約三百九十二億新台幣）。這一數字清楚地顯示了熊本熊在日本乃至全球的巨大影響力和吸引力，也讓更多人知道日本熊本縣。

在這個適者生存，充滿挑戰的環境下，知難而進，勇往直前是需要提倡的。但空有傲骨，一味蠻幹，往往適得其反；因為盲目進取，得不償失，勢必因進反退，而審時度勢，耐心等待，積蓄力量，以退為進，則是聰明之舉、韜晦之計。

【原文】

《孫子兵法·軍形篇》：「昔之善戰者，先為不可勝，以待敵之可勝，不可勝在己，可勝在敵。故善戰者，能為不可勝，不能使敵必可勝。故曰：勝可知，而不可為。」

【譯文】

從前善於作戰的人，先要做到不至被敵人戰勝，然後俟機戰勝敵人。不被敵人戰勝的主動權操縱在自己手中，能否戰勝敵人則在於敵人是否有隙可乘。所以，善於作戰的人，能夠做到自己不被敵人所勝，但無法保證自己一定能戰勝敵人。所以說，即便勝利可以預知，但不能強求。

10．置之死地而後生

「故善戰者，求之於勢，不責於人，故能擇人而任勢。」

在殘酷無情的戰場上，你死我活的鬥爭中，敵對的雙方都想保護自己，將對方置於死地。死與生無疑是相互對立，相互排斥的。但死與生卻又同源，人們一旦把自己置於被動境地，甚至死地，才能丟掉幻想，激發潛能，才能眾志成城、同仇敵愾，才能求得生機，獲得勝利。相反地，驕傲自滿，樂而無憂，即可能招致失敗。「生於憂患、死於安樂」、「驕兵必敗」就是這個道理。

《孫子兵法》有「置之死地而後生」之說，講的就是一個「逼」字。「楚霸王破釜沉舟，以少勝多，大破秦兵」，是「逼」的典範。沉了船，沒了退路；砸了鍋，連飯都吃不成了，軍士能不奮勇當先、以一當十嗎？作戰如此，學習成才，成就事業，皆無例外。「逼」構成壓力，有了壓力，才有噴泉飛濺的景觀；「逼」是動力，有了動力，才有炮彈出膛、呼嘯雲天的神威；「逼」是一把鍛錘，把人生的鋼坯打磨得更加堅實。當一個人感到再也沒有什麼東西能夠逼迫得了自己的時候，這很可能就是人生軌跡出現滑坡之時。

科學告訴我們，一般人的智力相差不多，學習的成效好壞、成功與否，主要取決於努力的程度。不逼自己的腦子用功，該學的知識就會留在老師那裡；不逼你的手腳出力，天上永遠不會掉餡餅。離開了「逼」的作用，人們甚至很難向前進步。所以在做事時，我們不妨適時逼迫自己，為自己施壓。

生活是公平的，你付出了多少努力，生活即會還給你多少等價的回報。我們每個人都要有點置之死地而生的精神，它可以讓我們增加無窮的勇氣和力量。破釜沉舟的故事就是項羽置之死地而後生精神的寫照。

秦朝末年，天下紛亂，軍閥為了不同的利益相互混戰，其中，項羽破釜沉舟的鉅鹿之戰，至今仍為人們所引以傳誦。當時，趙王被秦軍圍困於鉅鹿（今河北平鄉西南），他請求楚懷王救援。然而秦軍強大，幾乎沒人敢前去迎戰。項羽為了報秦軍殺父之仇，主動請纓，於是楚懷王封項羽為上將軍。項羽先派都將英布及蒲將軍率領兩萬人做先鋒，渡過漳水，切斷秦軍運糧通道。然後，項羽率領主力渡河。渡過了河之後，項羽命令將士，每人僅攜帶三天的乾糧，把軍隊裡做飯的鍋碗全砸了，還把渡河的船隻全部燒毀，連營帳都燒了。接著關羽對將士們說：「咱們這次打仗，有進無退，三天之內，一定要把秦兵打退。」

項羽破釜沉舟的決心和勇氣，對將士起了很大的鼓舞作用。楚軍把秦軍的軍隊包圍起來，個個士氣振奮，越打越勇。一個人抵得上十個秦兵，十個就可以抵上一百。經過九次激烈戰鬥，活捉了秦軍的首領王離，其他的秦軍將士有被殺的，也有逃走的，於是圍困鉅鹿的秦軍就這樣被瓦解了。

在做到置之死地而後生的功夫之餘，我們還要做到當機立斷。「當斷不斷，必受其亂」就是這個道理。就如下棋一樣，一著不慎，滿盤皆輸。

古希臘有個大哲學家蘇格拉底。哲學家在古希臘是很崇高的職業，因此有很多年輕人來向蘇格拉底求教。

一天，一個年輕人前來表示想要學習哲學。蘇格拉底一言不發，帶著他走到一條河邊，突然用力把他推到了河裡。年輕人起先以為蘇格拉底在跟他開玩笑，並不在意。結果蘇格拉底也跳到水裡，並且拚命地把他往水底按。這下子，年輕人真的慌了，求生的本能讓他拚盡全力將蘇格拉底推開，並爬到岸上。

年輕人不解地問蘇格拉底為什麼要這樣做。

蘇格拉底回答道：「我只想告訴你，做什麼事業都必須有絕處求生那麼大的決心，才能獲得真正的收穫。決心的力量非常大，如果你有了背水一戰、置之死地而後生的決心，你才能抓住絕處逢生的機會，前怕狼後怕虎，畏首畏尾，患得患失，只會坐失良機。當然，一定要先考慮周詳，否則豈不是莽夫一個？話又說回來了，拚命三郎也是有可取之處的。」

事業有成的成功人士大多經歷過非常多的痛苦與磨難，甚至有的人一輩子都在與失敗為伍，只是到人生的最後一段時光才取得事業上的偉大成就。置之死地而後生，如果凡事怕危險而畏頭畏尾，則永無出人頭地之日。唯有將自身的安全置之度外，勇於面對現實，方能使事業飛黃騰達。

俗話說得好：「機不可失，失不再來。」有的人就是因為患得患失，因為優柔寡斷而不知道利用時機，結果讓機會從身邊溜走，這時等待自己的就只有後悔了。為什麼有不少人永遠只能漂流在狂風暴雨的汪洋大海裡？原因就在於太優柔寡斷。

「當機立斷，不受其亂。」在現實生活中具有這種優秀特質的人並不多見，很多人都是在關鍵時刻辦事遲疑、難以取捨、拖拖拉拉、猶豫不決，因而錯過了成功的大好時機而以失敗告終。

歌德曾說：「長久地遲疑不決的人，常常找不到最好的答案。」可見事之成敗在於是否有置之死地而後生的精神，許多成功者就是因為有了這種精神，摒棄了優柔寡斷的缺失，才能走出自己的一片天。

【原文】

《孫子兵法・九地篇》：「投之亡地然後存，陷之死地然後生。」

【譯文】

將士卒置於不奮力作戰就會滅亡的境地，以激發他們拚死決戰、死裡求生的意志力。

11・兵不厭詐

兵以詐立，以利動，以分合為變者也。

採用欺騙敵人的方法，可以讓敵人做出錯誤判斷，進而喪失其優勢和主動，這就是「兵不厭詐」。使用疑兵計，造成敵人錯覺，能有效地打亂敵人的行動部署，從而掌握戰場上的主動權，獲得勝利。

曹操戰勝呂布後，即率劉備回到許都。劉備不甘心寄人籬下，便用計迷惑曹操。後來劉備藉口截擊袁術，逃離許都，打敗袁術，殺了曹軍將領車胄，奪回徐州，並策動袁紹起兵伐曹。曹操大怒，一面親率二十萬大軍迎戰袁紹，一面派劉岱、王忠二將打著丞相旗號討伐劉備。

當時正值初冬，大雪紛飛。兩軍冒雪布陣對峙。關雲長飛馬提刀同王忠殺了起來，不出幾個回合就將王忠活捉於馬上，返回本軍。

張飛見二哥立了頭功，心中著急，立刻對劉備說：「待我前去活捉劉岱回來。」

劉備說：「劉岱也是一鎮諸侯，不可小看了他。」

張飛冷笑道：「此輩何足掛齒？我一定把他活生生捉來見你。」

劉備故意說道：「只恐你性子魯莽，會殺了他。」

張飛急了，嚷道：「如殺了他，我償性命！」

劉備見張飛如此有把握，就交給他三千兵馬，讓他去了。

劉岱見王忠被活捉後，便緊閉寨門，不肯出來迎戰。

於是張飛每天在寨門前惡語叫罵，劉岱知道張飛的厲害，不敢出戰。張飛叫罵了幾天，見劉岱不出，寨門攻打不下，但自己又在劉備面前誇下了海口，心中焦急，但在焦躁之餘忽生靈感。他傳令全軍今夜二更去劫劉軍營寨，白天卻在自家營帳裡飲酒作樂，喝得酩酊大醉，故意挑剔一個帳前軍士的錯處，喝令左右將他痛打一頓，並將他捆縛在營裡，罵道：「哼，待我今晚出兵凱旋時，再拿你的腦袋拜祭軍旗！」私下卻悄悄指使左右故意讓這位軍士逃走。

那軍士逃出寨門後，越想越氣，便前往劉岱營中，密告張飛企圖夜劫劉寨的情報。

劉岱見那軍士被打得皮開肉綻，便相信了他的情報，高興地說：「好，今日叫張飛嘗嘗我伏兵的味道。」傳令空出營寨，士兵全部埋伏在寨外，單等張飛闖入，來個「甕中捉鱉」。

這天晚上，張飛果然兵分三路，長驅而入，但他的中路卻只有三十人，任務是闖入劉寨搶先放火，卻教左右兩路人馬從劉寨背後包抄，一等火起為號，便夾擊劉岱的伏兵。

到了三更時分，張飛親自率領一支精兵，先斷了劉岱後路。中路三十人，也依照計畫衝入劉寨放火。

寨外劉岱伏兵大聲喊叫，以為張飛中伏，皆殺入寨內，張飛兩路軍馬於此時一齊出動，圍殺劉岱伏兵，劉軍頓時亂作一團。也不知張飛究竟有多少人馬，四面潰逃。劉岱知大勢已去，率一支餘部奪路欲逃，卻撞見張飛像天神一樣攔住退路，劉急忙迴避，卻已被張飛飛馬趕上，只一回合，便把劉岱活活捉住。

張飛派軍使躍馬馳入徐州報捷。劉備大喜，對關雲長說：「三弟向來粗魯、莽撞，今天也會用智謀作戰了，可喜可賀，我再也不必為他擔憂了。」

二十世紀初，美國汽車工業蓬勃發展，一場場技術革新和市場競爭如火如荼。在這激烈的競爭中，大多數汽車製造商都紛紛求新求變，唯獨福特汽車仍是不改初衷，維持一貫的生產模式，為此銷路大受影響。面對眾部屬的建議與批評，老福特總是回答說：「原車款耐久，就是好。」然而，老福特卻已暗地裡醞釀著一場革命性的變革。

老福特祕密地研發了一款嶄新的汽車——A型汽車，並大規模收購廢鋼材，以削減成本。一九五七年八月，福特對外宣布停產T型車，但令人意想不到的是，福特卻未有任何裁員計畫，工廠裡的工人繼續維持著原有的工作節奏。當大家摸不著頭腦的時候，年底終於迎來了A型汽車的登場。新款汽車色彩繽紛、優雅輕巧，立刻成為市場的寵兒，福特公司也因此踏上了史上第二次的輝煌征程。

「兵不厭詐」指出了用兵時為了制勝敵人，在策略上使用詭計的必要性。張飛運用的正是「兵不厭詐」的計謀，設計引出劉岱，並於最後生擒了他。而福特公司在面對競爭時，表面上似乎不為所動，實際上卻在暗中籌謀著一場巧妙的反擊。這種養精蓄銳、暗度陳倉的策略，正是兵不厭詐的極佳體現。

【原文】

《孫子兵法．軍爭篇》：「兵以詐立，以利動，以分合為變者也。」

【譯文】

用兵作戰要靠詭詐來取得勝利和成功，並根據利益而採取行動，調動兵力的戰略變化。

12・不打無備之戰

夫未戰而廟算勝者，得算多也；未戰而廟算不勝者，得算少也。多算勝，少算不勝，而況於無算乎？吾以此觀之，勝負見矣。

所謂「廟算[6]」，指的是古代戰前君主在宗廟裡舉行儀式，商討作戰計畫。「廟算」不是閉門造車，更不是紙上談兵，而是因時因地制宜，以實際狀況出發，盡量地發揮。孫子在這裡強調的廟算之「勝」與「不勝」，不是單純地比較有利條件，還必須進行深一層的、靜態的計算，也就是全面地分析彼此條件，包括有利的與不利、主觀與客觀、物質與精神，以及彼此互

6 廟者，指一般之祖廟或指朝廷。算者，就是運籌帷幄或指獲勝的條件等。古代起事命將，一般都會在廟堂內舉行儀式，以謀劃大計、制定策略、預測勝負，此稱廟算。

相制約消長的關係，從而制定出正確的戰略方針，盡可能地揚己之長，克敵之短。

《左傳》記載：當郲國進攻魯國時，魯國依仗自己國大兵強，而不積極準備，草率迎戰。大夫臧文仲得知後，拜見了魯國國君，勸告說：「國無小，不可易也，無備雖眾，不可恃也。」他的意思是：一個國家無論多麼弱小，也不能輕視；大國兵多將廣，但沒有準備，也不能依仗強大的力量而取勝。但魯國國君沒有採納臧文仲的意見，後來，魯國果然兵敗。

魯國的戰敗就是因為他們戰前沒有做好準備。有備則弱為強，無備則強變弱。魯國自以為國大兵強，有取勝的把握，而不在乎小小的郲國，導致了最後的失敗。與之相反，郲國正是不以弱小而自卑，經過認真縝密的武裝準備，才以少勝多、以弱勝強。

機會對於有準備的人來說，是通向成功之路的催化劑；對於缺乏準備的人來說，卻是一顆裹著糖衣的毒劑。在你沉醉於獲得機會的興奮情緒中時，它卻能給予你致命的一擊。在我們的日常生活中，要時刻做好準備，準備得越充分、越細緻，就能取得越好的成果。

拿破崙曾說：「有才能的人總是利用一切時機，而不肯放過任何可以增加成功機會的可能性；而比較笨拙的人往往擬制大量計畫，卻由於輕視或忽略良機而輸個精光……利用良機對於庸才來說，從來就是一個祕密，而這正是比一般水準勝出一籌的人的主要力量所在。」「時機」對於每個人來說都是平等的。成功總是屬於那些善於識別時機、抓住時機、利用時機的人們。

蘋果公司在二〇〇七年推出iPhone之前，智慧型手機市場已經存在，但主要是由黑莓和其他幾家公司主導，這些手機主要用於商務市場，並且功能較為受限。

然而，蘋果公司意識到了消費者對於智慧型手機的需求正在迅速增長，並且這種需求不僅僅來自於商業用戶，還有普通消費者。因此，蘋果公司開始了一個名為「Project Purple」的計畫，旨在開發一款能夠結合音樂播放、網際網路瀏覽、通訊和其他功能的創新手機。

在這個計畫中，蘋果公司投入了大量的資源進行研發和設計，並且注重每個細節，從軟體到硬體，都追求完美。他們特別著重於用戶體驗和設計美感，力求打造出一款獨一無二的手機，與當時市場上的其他產品有所區別。

除了產品本身的設計和研發，蘋果公司還制定了一個全面的行銷計畫，包括精心策劃的發布會、廣告宣傳和合作夥伴關係。這些都是為了確保iPhone推出時能夠引起廣泛的關注和迴響。

終於，在二〇〇七年一月九日，蘋果公司的首席執行官史蒂夫・賈伯斯在一場盛大的發布會上正式宣布了iPhone的推出。這款革命性的手機立刻引起了全球的轟動，消費者對於它的熱情超出了預期，銷量一路飆升。

人生歷程瞬息萬變，處處充滿了出乎意料的精彩，但是成功通常只留給那些隨時準備好負責任的人。想要掌握機運，就要想在前面，並多付出一點努力，才有機會比別人獲得更好的回報。iPhone的成功背後是蘋果公司縝密的計畫和全面的準備，從而改變了智慧型手機行業的格局，並使蘋果成為世界上最具價值的公司之一。

商場如戰場，現實社會中，投資創業其實也是一項艱苦的系統工程，其困難程度絲毫不亞於進行一場「戰爭」。正所謂善戰者不做無準備之戰，創業者在創業之前也必須要做好各種準備工作。謀劃周密較有可能在競爭中獲勝，謀劃不周難以成功，根本不謀劃則肯定要失敗。記住這句話：好的準備就是成功的開始！

【原文】

《孫子兵法·始計篇》：「夫未戰而廟算勝者，得算多也；未戰而廟算不勝者，得算少也。多算勝，少算不勝，而況於無算乎？吾以此觀之，勝負見矣。」

【譯文】

拉開戰鬥序幕之前，如果能夠在廟堂裡商議謀劃，充分分析，估量敵我雙方的力量，開戰之後取勝的把握就會多些；反之，若戰前未能商議謀劃，開戰後往往很難取得勝利，更何況開戰前完全不籌謀分析取勝的有利條件，如何得勝呢？如果能以這樣的角度來觀察，誰勝誰負，早已經不言自明了。

13・靈活多變，不拘一格

故兵無常勢，水無常形，能因敵變化而取勝，謂之神。

流水沒有固定的形態，是靈活多變的。古希臘哲學家赫拉克利特（Heraclitus）也提出：「人不能兩次踏入同一條河流。」兩者揭示著相同的道理，指的是在千變萬化的世界上，也許唯一不變的就是事物不斷變化的規律。

戰場是變幻無常的，面對不同對手，要採取不同的策略；即使是同一位對手，也要因應時勢而採取不同的應對方式。唯有根據實際情況制定具體的戰術方針，方能取得最好的戰績。比賽也與戰場上一樣，也得根據不同的情況適時變換方針，才能取得勝利。

齊國的大將田忌，很喜歡賽馬，有一次，他和齊威王約定，要進行一場比賽。他們商量好，把各自的馬分成上、中、下三等。由於齊威王每個等級的馬都比田忌的馬強得多，所以比賽了幾次，田忌都失敗了。

田忌覺得很掃興，比賽還沒結束，他就垂頭喪氣地準備離開賽馬場。走著走著，他抬頭一看，忽然發現人群中有個人，原來是自己的好朋友孫臏。孫臏招呼田忌過來，拍著他的肩膀說：「我剛才看了這場賽馬，威王的馬並沒有比你的馬快多少呀……」

孫臏話還沒說完，田忌就瞪了他一眼：「想不到你也來挖苦我！」

孫臏說：「我不是要來挖苦你，你現在只要再與他比一次，我就有辦法讓你贏了他。」

田忌疑惑地看著孫臏說：「我需要換一匹馬過來嗎？」

孫臏搖搖頭說：「連一匹馬都不用換。」

田忌毫無信心地說：「那還不是照樣輸！」

孫臏胸有成竹地說：「你就按照我的安排辦事，沒問題的！」

齊威王屢戰屢勝，正得意洋洋地誇耀自己的馬匹時，看見孫臏陪著田忌迎面走來，便站起來譏諷地說：「怎麼，莫非你還不服氣？」

田忌說：「當然不服氣，咱們再賽一次！」說著，「嘩啦」一聲，把一大堆銀錢倒在桌子上，作為他的賭資。

齊威王一看，心裡暗暗好笑，於是吩咐手下，把前幾次贏得的銀錢全部抬來，另外又加了一千兩黃金，也放在桌上，他輕蔑地說：「那就開始吧！」

一聲鑼響，比賽開始了。

孫臏先推出下等馬與齊威王的上等馬比賽，第一局輸了。

齊威王站起來說：「想不到赫赫有名的孫臏先生，竟然想出這樣拙劣的對策。」

孫臏並不理會。

接著進行第二場比賽。孫臏拿上等馬對上齊威王的中等馬，終於勝了一局。齊威王看了有點心慌意亂。

第三局比賽，孫臏拿中等馬對上齊威王的下等馬，又勝了一局。這下，齊威王目瞪口呆了。

比賽的結果三局兩勝，當然是田忌贏了齊威王。參與比賽的是同樣的馬匹，但因為調換比賽的出場順序，就得到了轉敗為勝的結果。

美國石油大王哈默從不死守於一個領域，他根據市場的變化，開過藥廠、醫院，販賣過糧食、皮貨，釀過酒，養過牛，又做石油買賣等，最後成為一代巨富。

在中國企業中，存在著很多有天分的人，他們善於抓住機運，隨機應變，擁有強大的適應能力。一家家電企業主管銷售的總經理李先生對此很是感慨，他們是冰箱行業的龍頭企業，二〇〇二年時，當地一些小企業在品管上經常發生問題，導致公司聲譽受到影響。於是，他的所屬企業便集結了主力品牌，發動了旨在清理副品牌的整體降價活動，結果卻出人意料——那些副品牌幾乎毫髮無損，甚至還有一部分副品牌崛起，成為當地小有名氣的地方品牌。後來，他們發現了該品牌的「殺手鐧」：自行規劃洗衣機的水管長度，把水管加長。很多大品牌出於成本和市場操作的考量，把洗衣機水管長度統一了。這個品牌因為這個小小的做法，排除了與眾多大品牌對決的窘境，相反的，它還從領導品牌的競爭中脫穎而出，從而贏得了市場區隔的好處。類似的情況非常普遍，很多企業都有獨特的生存之道，它們擺脫各種條條框框的限制，表現出流水一般的靈活性。

【原文】

《孫子兵法·虛實篇》：「故兵無常勢，水無常形，能因敵變化而取勝，謂之神。」

【譯文】

軍隊布陣不拘泥於固定的形式，就好比流水沒有固定的型態；能根據敵情因應變化而取得勝利的，才稱得上神妙。

14・因糧於敵，以戰養戰

善用兵者，役不再籍，糧不三載，取用於國，因糧於敵，故軍食可足也。

「因糧於敵」是孫子重要的軍事經濟思想。「因糧於敵」主要闡述深入敵境作戰，奪取敵人糧秣，就地補給的後勤調度方針。古代戰爭的消耗主要在糧草上，加上運輸技術尚未發達，從遠地運輸糧草十分困難，而且運輸路線往往是敵人攻擊的目標，因此，糧秣補充對軍隊、對國家來說是沉重負擔，往往導致勞民傷財，國困民疲的狀況，這都是由於遠道運輸所造成的。基於這種情況，孫子提出了「因糧於敵」的主張，還在〈九地篇〉中提出了「重地吾將繼其食」、「掠於饒野，三軍足食」的主張。對於這個問題，孫子又在〈作戰篇〉中強調指出：「故智將務食於敵」，這樣的作法不僅能減輕負擔，免除運輸的壓力，還能發揮較高的保障。

縱觀古代著名戰役，為將者無不視後勤補給（特別是糧草）為生命之源、勝利之本。以拿破崙遠征莫斯科為例，當時俄國堅壁清野，拿破崙在面臨糧食告罄、禦寒無衣的情況下，最後只能迫於現實，慘敗而歸。

後勤補給若能在敵國就地解決，便能減輕國家的財政開支，使戰爭能夠按照己方的意圖，順利地進行下去。

孫子這種「以戰養戰」的思想被廣泛地運用到商界、政界和其他行業中。例如：許多精明的企業家把一個又一個分公司開設到世界各地——舉凡設備、勞力，甚至資金都取自於當地，僅提供技術，就是一例。

西元二三一年二月，諸葛亮率十萬大軍四出祁山、攻伐魏國，司馬懿率張郃、費曜等大將迎戰蜀軍。

諸葛亮兵至祁山，見魏軍早有防備，便對眾將說：「孫子曰：『重地則掠』，也就是說，深入敵人的腹地，就要掠取敵人的糧秣來補足自己的軍備。如今，我們的糧草供應不上，我估計隴上的麥子已經熟了，我們可以派兵悄悄地把麥子割下來。」諸葛亮留下王平、張嶷等人守衛祁山大營，自己則率領姜維、魏延等將領直奔上邽。

司馬懿率大軍趕到祁山時，蜀軍並未出戰。司馬懿心生疑惑，又聞有一支蜀軍徑往上邽而去，不由得恍然大悟，急忙引軍去救上邽。

諸葛亮趕到上邽時，魏將費曜出兵迎戰，姜維、魏延奮勇向前，把費曜打得大敗而逃。

諸葛亮乘機命令三萬精兵，手執鐮刀、馱繩，把隴上的新麥一口氣全部割光，全部運到鹵城打曬去了。

司馬懿技遜一籌，失去了隴上成熟的新麥，心中不甘，便與副都督郭淮引兵前往鹵城偷襲，企圖奪回新麥，擒拿諸葛亮。不料，諸葛亮早有防備，他派姜維、魏延、馬忠、馬岱四將各帶兩千人馬埋伏在鹵城東西的麥田之內，等魏兵抵達鹵城城下時，一聲炮響，伏兵四起，諸葛亮又大開城門，從城內殺出，司馬懿拚力死戰，才得以突出重圍。

司馬懿接連受挫，轉而採取了「據險而守、絕不出戰」的方針。諸葛亮求戰不得，眼看搶來的麥子也即將吃完，只好下令退兵。

魏大將張郃領兵急追，朝著劍閣追去。一直追到木門道時，只聽一聲梆子響，早已埋伏在峭壁懸崖上的蜀軍萬箭齊發，讓張郃及其率領的百餘名部將全死於亂箭之中。

諸葛亮第四次伐魏雖然沒有實現預定目標，但因採用了「重地則掠」的策略，避免了斷糧的危險，並且平安地退回到了本土；而魏國不但損失了隴上的新麥，還損失了一員能征慣戰的大將張郃。

孫子「因糧於敵」，可以達到「勝敵而益強」，從以戰養戰的角度講，這是很有價值的軍事思想。在古代社會，孫子「因糧於敵」的思想，一直是指導作戰的原則。實行起來對於進攻的軍隊是有益的，但帶來的是搶掠擾民的惡果。如果在敵人「堅壁清野」無物可掠的情況下，也難以取得補充。因此「因糧於敵」的作法仍有其侷限性。

「因糧於敵，以戰養戰」謀略思維的核心在於，善於策劃、把握戰情的軍隊統帥，必須考慮軍隊的補給線，並盡可能地增加軍需來源，甚至達到以戰養戰的效果。

【原文】

《孫子兵法・作戰篇》：「善用兵者，役不再籍，糧不三載，取用於國，因糧於敵，故軍食可足也。」

【譯文】

善於用兵打仗的人，只要動員一次兵力，不必多次徵兵；糧草的運送也以兩次為限。武器裝備從國內取用，糧食飼料在敵國補充，這樣，軍隊的糧草供給就充足了。

15・利而誘之

兵者，詭道也。故能而示之不能，用而示之不用，近而示之遠，遠而示之近。利而誘之，亂而取之……

劉伯溫在《百戰奇略・利戰》中進一步論述道：「凡與敵戰，其將愚而不知變，可誘之以利。彼貪利而不知害，可設伏兵以擊之，其軍可敗。法曰：『利而誘之。』」

這番話的意思是說：與敵人作戰時，如果敵軍將帥愚蠢，不善於觀察戰情的變化，就可運用小利引對方進入圈套。當敵人因圖謀利益而不知其中有詐時，就可以設下埋伏，一網打盡。

誠如《孫子兵法》所說：「敵人如果貪婪好利，就利用他貪小便宜的心理去引誘他。」

春秋時期，楚國出兵討伐絞國。楚國的莫敖屈瑕[7]對楚王說：「絞是個小國，且做事輕率，缺乏深謀遠慮。所以，我們可派一些帶武器的士兵佯裝成村民去引誘他們。」楚王採納了他的建議。於是絞國俘獲了三十名「打柴人」。

第二天，絞國士兵紛紛追殺這些偽裝的楚人，去邀功請賞，而楚軍事先守候在絞國都城北門，並且在山間設下大批埋伏，結果大敗絞軍。

以利引誘貪利之敵就範，這在古代作戰中，為兵家經常採用的有效戰法。

曹洪被馬超戰敗，失去潼關之後，曹操率領後續部隊趕至潼關關前。在曹操與馬超的首次交鋒中，曹軍潰敗。此時馬超統領龐德、馬岱等直入曹軍，準備親自捉拿曹操。馬超的凌厲攻勢，迫使曹操「割鬚棄袍」，狼狽而逃。

在危急之時，幸好曹洪及時趕到，才保住了曹操的性命。曹操逃回大營後，一面傳令堅守

7 莫敖，又作莫囂，楚國官名，莫，楚語，為「大」的意思，敖即勇猛，有勇士之意。楚武王初稱王時猶為最高官職，後武王改以令尹為最高官職。《左傳》記載，莫敖本乃屈氏世襲之官，屈氏之莫敖官共六人，首任屈瑕、次為屈重，屈蕩、屈到、屈建、屈生。

寨柵，不許出戰；一面謀畫擊敗馬超、韓遂的計畫。他責令徐晃引精兵四千襲擊潼關後路河西，他自己則督軍渡過渭水。然後兩路夾擊，一舉消滅馬、韓諸部。馬超得知曹軍的意圖後，主張搶占渭河北岸，遏制曹兵渡河。韓遂則主張按《孫子兵法》中「半濟而擊之」的戰術，陳兵南岸，待到曹軍渡至一半時，乘機猛攻。他認為，此舉足以使曹操大軍皆死於渭河之內。於是馬超便採納了韓遂的建議。

當曹軍部分精兵渡至北岸，曹操親領百餘名護衛軍將坐於南岸，觀看大軍渡河時，馬超突然率軍殺至，衝到離曹操僅有百步的地方。在這生死關頭，曹操的護衛軍驍將許褚，扶起曹操急奔河邊。他挾起曹操一躍就跳上離岸邊一丈多遠的船上，撐船向河心划去，曹操趴在許褚的腳下，狼狽至極。馬超趕到河邊後，見曹船已到河心，就彎弓搭箭，命令將士沿河向曹船猛射。

剎那問，矢如雨急，船上的駕舟和護衛士卒幾十人都應弦而倒。許褚一邊用左手舉起馬鞍遮住如飛蝗般的來箭，護衛著曹操；一邊用雙腿夾著船舵，以右手使篙撐船。曹操與許褚處在危險之中，正當他們拚命掙扎之時，射來的箭突然越來越少。於是，許褚趁機快速將船划至北岸，於是曹操再次死裡逃生。

當時的渭南縣令丁斐正在南山之上，他見馬超的追殺使曹操時刻都有生命之虞。於是，他打開寨門，將所有的牛馬驅趕出來。一時間，滿山遍野到處是牛馬，西涼兵見狀，都回過頭來爭搶牛馬，無心追趕狂逃的曹操，曹操也因此化險為夷。

曹操上岸後，對前來拜見問安的諸將大笑說：「我今天差點被這些毛賊所困！」問是誰用「縱牛馬以誘敵」的妙計救了他？有人告訴他：「是渭南縣令丁斐。」丁斐來拜見時，曹操感激地說：「如果不是你的良謀，我就會被賊所擒俘。」於是曹操提拔丁斐為典軍校尉。

丁斐的縱牛馬以誘敵，其實就是「以利誘之」的謀略，利益會使人的目標改變，利慾薰心讓人迷失方向。「誘」的方法有很多種，但當明確了解應以小利獲大利，否則得不償失。

在商場上，每一步都是一場挑戰，每一個對手都可能是一場硬仗。而對於一位商業巨頭來說，如何在這場博弈中保持優勢，是一門複雜而精妙的藝術。

當時，石油行業風雲變幻，市場不僅蘊藏著無盡的機會，也充斥著挑戰。洛克菲勒，他渴望統治這片土地，成為石油業的王者。

然而，他知道，在這場充滿競爭與陷阱的遊戲中，單靠強硬的手段往往得不償失。於是，他採取了一個巧妙的策略：利益的誘惑。

他不是直接與競爭對手對碰，而是找到了他們的薄弱點——利益。首先，他與克拉克・佩恩公司（當時很有實力的公司，也是洛克菲勒最大的競爭對手）的最大股東奧利弗・佩恩會面。這位股東，不僅是他的競爭對手，更是他中學時代的摯友。

在一次次的交談中，洛克菲勒以深入獨到的洞察力，謀劃著一個龐大而高效的石油帝國，並邀請佩恩成為其中的一部分。他用利益的誘惑，將佩恩帶入了自己的陣營。最終，洛克菲勒用高額收購價說服了佩恩，支付了遠高於公司實際價值的價格。雖然這筆交易的代價高昂，洛克菲勒卻心知肚明，這是值得的。因為他不僅收穫了一家實力雄厚的公司，更重要的是，他奠定了統治石油業的基石。

在短短的時間內，洛克菲勒以這種策略，一步步征服了整個石油市場。他成為了收購戰的大贏家，終究實現了自己的偉大夢想——統治美國煉油業。

孫子說：「智者之慮，必雜於利害。」強調在軍事行動之前，一定要周密考察利與害，盡量釐清脈絡，避免蝕本生意。

在利與害並存的戰場上，對敵如何利而誘之，誘而殲之，對己如何趨利而避害，是一個恆久存在的課題。現代戰爭或商場，仍然是基於利害衝突，如何把握利與害的辯證關係，運用「利而誘敵」的謀略，仍然是值得軍事家和企業家高度重視的問題。

【原文】

《孫子・始計篇》：「兵者，詭道也。故能而示之不能，用而示之不用，近而示之遠，遠而示之近。利而誘之，亂而取之……」

【譯文】

用兵作戰，就需詭詐。因此，有能力曜裝作沒有能力，準備攻打卻裝作沒有要攻打，欲攻打近處卻裝作攻打遠處，欲攻打遠處卻裝作攻打近處。對方貪利就用利益誘惑他，對方混亂就趁機攻打取得他……

第二部

三十六計的智慧

三十六計，是中國最具代表性的謀略，是中國人無形的「智慧長城」。故古書有云：「用兵如孫子，策謀三十六」。可見，《三十六計》所涵蓋的智慧是多麼受人重視。它集歷代兵家「韜略」、「詭道」之大成，其中有大量耳熟能詳的智慧策略，不僅可用於軍事，在啟迪心智方面亦具備深遠的影響。

即使是在瞬息萬變的二十一世紀，三十六計亦為達成願望，捭闔縱橫的高度智慧。請進入三十六計的世界，領略古人智慧之光，增添智慧和膽略。相信各行各業都能在三十六計的智慧中找到成功的祕訣。

1・瞞天過海

備周則意怠，常見則不疑。陰在陽之內，不在陽之對。太陽、太陰。

「瞞天過海」之計講的就是用「欺騙」的手段暗中行動，並將個人企圖隱藏起來，以達到目的。「瞞天過海」是三十六計中的第一計，其計名雖出自唐朝《永樂大典：薛仁貴征遼事略》，講薛仁貴瞞著不願渡海遠征的唐太宗，使之在不知不覺中渡海的事，但此計的內容在春秋戰國時期便多被運用。一般人對司空見慣的事物，往往不會心生懷疑，此計就是利用人們的錯覺，來掩蓋個人的意圖，以達到其目的。

「瞞天過海」一計中的「天」是指皇帝，「過海」是指難以逾越的障礙，「瞞天過海」的關鍵是將隱蔽的計謀深藏於張揚暴露的行為之中，此計之謀略絕不同於「欺上瞞下」、「掩耳盜鈴」或夜中行竊、脫人衣裘、僻處謀命。雖然瞞天過海與欺上瞞下在某種程度上都含有欺騙的成分在內，但其動機、性質、目的是不同的，自是不可混為一談。這一計的兵法運用，常常是著眼於人們在觀察處理世事中，由於對某些事情的習見不疑，而不自覺地形成了鬆懈，故能乘虛而示假隱真，掩蓋某種軍事行動，把握時機，出奇制勝。

貞觀十七年，唐太宗御駕親征，率領三十萬大軍以寧東土。一日，浩蕩大軍東進來到海邊，太宗見眼前白茫茫的一片大海，即信口向眾將領詢問過海之計，一問之下，人人面面相覷。忽然傳來一聲稟報，原來是一位近居海上的豪民請求見駕，並稱其業已儲備三十萬過海軍糧。

太宗大喜，率百官隨豪民來到其宅邸。只見萬戶皆以一彩幕遮圍得十分嚴密。豪民代領太宗入室，只見室內繡幔彩錦，茵褥鋪地，百官在勸慰之下開始敬酒，宴飲甚樂。一段時間後，忽聞風聲四起，波響如雷，杯盞傾側，維持了好長一段時間。

太宗觀察之下，察覺狀況不太對勁，連忙令近臣揭開彩幕查看，不看則已，一看愕然。只見眼前一片橫無際涯的海水，這哪是什麼在豪民家做客？現下大軍已是航行在大海之上了！原來，這位豪民是新招壯士薛仁貴假扮而成，「瞞天過海」之計也是由他所策劃的。

從兵法上來講，「瞞天過海」實屬一種示假隱真的疑兵之計，主要是用來進行戰役偽裝，以期達到出其不意的戰鬥成果。

西元五八九年，隋朝大舉攻打陳國。陳國是在五五七年陳霸先稱帝建國，定國號為陳，建都城於建康（今天的南京）。戰前，隋朝將領賀若弼因奉命統領江防，經常組織沿江守備部隊調防。每次調防都命令部隊於曆陽（也就是今天安徽省和縣一帶地方）集中。還特令三軍集中時，必須大列旗幟，遍支警帳，張揚聲勢，以迷惑陳國。果真，陳國難辨虛實，起初以為大軍將至，盡發國中士卒兵馬，準備迎敵面戰。可是不久，又發現是隋軍守備人馬調防，並非出擊，陳便撤回集結的迎戰部隊。如此五次三番，隋軍調防頻繁，蛛絲馬跡一點不露，陳國竟然也司空見慣，戒備鬆懈；直到隋將賀若弼大軍渡江而來，陳國居然未有覺察。隋軍如同天兵壓頂，令陳兵猝不及防，遂一舉拔取陳國的南徐州（今天的講蘇省鎮江市一帶）。

從戰略上來講，瞞天過海是一種示假隱真的疑兵之計，利用人們存在常見不疑的心理狀態，進行戰役偽裝：隱蔽軍隊集結和發起進攻企圖，以期達到出其不意的計謀。

【原文】

備周則意怠，常見則不疑。陰在陽之內，不在陽之對。太陽、太陰。

【譯文】

自認為防備得非常嚴密周全的，往往會因此鬆懈鬥志；很多司空見慣的事往往不會引起懷疑。陰計可用於陽事進程中，而非陽事之敵對面。至陰之術，可以為至陽之目的服務。

2・圍魏救趙

共敵不如分敵，敵陽不如敵陰。

「圍魏救趙」用於軍事，常比喻避實就虛，擊於此而解於彼的戰略戰術。「圍魏救趙」的「圍」是手段，「救」才是目的，要達到「救」的目的，就要分散對方注意力。

西元前三五三年，魏國國君魏惠王派大將龐涓帶兵去攻打趙國，團團圍住了趙都邯鄲。這個情況非常危急，於是趙國的國君趙成侯派使者到齊國去求援兵。齊國的國君威王很痛快，立刻拜田忌為大將，拜孫臏為軍師，發兵去救趙國。

田忌打仗非常勇敢，但智謀不足，又是個急性子，奉命之後，便打算立刻趕到邯鄲去與魏兵廝殺。這時，孫臏趕緊勸他說：「要解開雜亂打結的繩索，一定要冷靜地找出它的結頭，然後慢慢去解，切不可心急地使勁去扯，或用拳頭猛捶；還有，要排解開相互鬥毆的群眾，萬不可被捲入亂局，而是要避開雙方拳來腳往的地方，尋找機會以拳猛擊其中一方沒有防備的部位。一直到挨揍者雙手捧著肚子跪下，原來對打的形勢，便會有所改觀，此時鬥毆的局面，也會軋然停止。現在魏國出兵攻打趙國，魏國的精兵銳卒，一定傾巢而出開赴邯鄲，留下老弱殘兵留守國內。咱們何不利用這個機會，帶兵直搗魏國都城大梁，占據他們的交通要道，襲擊他們守備空虛的地方呢？那樣，他們在外的大軍，必然會放下趙國趕回相救。這樣一來，我們豈不是一舉解決了趙國的危急，同時還讓魏國見識我們的厲害嗎？」

田忌認為孫臏的話很有道理，便帶兵直搗魏國都城大梁。

齊國的大軍剛到桂陵（今河南省長垣縣西北），孫臏便叫田忌下令，將大軍暫時停下來。孫臏說，當魏軍從邯鄲返回的時候，一定會經過桂陵。因此，應該在此設伏，佈下陣勢，就可以一舉殲滅魏軍。這一次田忌再次依照孫臏提出的計謀而行，很快把布好了埋伏的陣勢。

龐涓得知齊兵攻打大梁的軍情，便立刻命令從趙國退兵救大梁。

這時魏軍因久圍邯鄲，已經非常疲憊。龐涓救大梁心切，又來了急行軍，使得魏軍更為疲憊不堪。

當魏軍進入了齊兵埋伏的桂陵地帶。只聽一聲號令，齊軍便從兩側一齊奮勇殺出。突遭襲擊，疲憊不堪的魏軍哪裡還能抵擋得住？他們戰死的戰死、受傷的受傷，不多時，魏軍死傷兩萬多人大敗，齊軍大勝而歸。

孫臏、田忌這一仗打得漂亮！既為邯鄲解了圍，又教訓了魏國。

對敵作戰，好比治水：敵人勢頭強大，就要躲過衝擊，採用疏導之法分流；面對弱小的敵人，需抓住時機消滅它，就像築堤圍堰，避免讓水流走。所以當齊救趙時，孫臏對田忌說，想理順亂絲和結繩，只能用手指慢慢去解開，不能握緊拳頭去捶打；排解搏鬥糾紛，只能動口勸說，不能動手參加。攻打正面強大集中之敵，迂迴到敵人虛弱的後方，迫使敵人退兵或分兵，然後尋找機會，消滅敵人。

「圍魏救趙」是避實擊虛，是一種不與之正面交鋒，轉移戰場的策略。一九七〇年代米其林（Michelin）輪胎與固特異（Goodyear）輪胎的布局之戰，就是最好的說明。

固特異（Goodyear），在美國市場上享有無可撼動的領導地位，但當市場趨於飽和，他們開始尋求機會擴張到歐洲市場。然而，這樣的計畫引起了米其林的警惕。

米其林知道，如果在歐洲採取直接的價格競爭策略，自己的損失可能比固特異還要大。因此，他們選擇了一個更巧妙的方式來應對：在美國市場展開價格戰。

米其林決定以低於成本價格甚至成本價格來出售他們的輪胎，這一舉措迅速在美國市場引起了轟動。對固特異來說，這是一個極具挑戰性的情況。如果他們要跟進，將面臨更大的虧損。最後，明白了這一點的固特異，放棄了在歐洲的擴張計畫，以避免與米其林在美國的價格戰相對抗。

將「圍魏救趙」用於現代化經商之路時，企業經營者必須要具備一定條件，他需要有過人的眼光和超群的才智，有廣博的知識，善於觀察周圍的環境變化，發現和尋找機遇；了解對方的實力，採取「避實擊虛，後發制人」的經營技巧；要有敢冒風險的膽魄，在機遇出現時一定要緊緊抓住，以達到趨利避害，最終贏得賺錢的目的。

【原文】

共敵不如分敵；敵陽不如敵陰。

【譯文】

進攻兵力集中、實力強大的敵軍，不如使強大的敵軍分散減弱了再攻擊。攻擊敵軍的強盛部位，不如攻擊敵軍的薄弱部分來得有效。

3・借刀殺人

敵已明，友未定，引友殺敵，不自出力，以「損」推演。

「借刀殺人」，是借他人之手或他人之力來剷除異己或達到自身目的的一種手段。此計計名出自明代戲劇《三祝記》，謂借人之力攻擊我方之敵，我方雖難免小有損失，但可穩操勝券，大大得利。在歷史上，這種借刀殺人的例子不勝枚舉。

春秋末期，齊簡公任國書為大將，興兵伐魯。此時魯國實力不敵齊國，形勢危急。孔子的弟子子貢分析形勢，認為唯吳國可與齊國抗衡，可借吳國兵力挫敗齊國軍隊，於是子貢前往遊說齊相田常。

田常當時蓄謀篡位，急欲剷除異己。子貢提出「憂在外者攻其弱，憂在內者攻其強」的道理，勸他莫讓異己在攻弱魯中輕易主動，擴大勢力，而應攻打吳國，借強國之手剷除異己。

田常聽了心動，但齊國已作好攻魯的部署，此時轉而攻吳又怕師出無名。

子貢說：「這事好辦。我馬上去勸說吳國救魯伐齊，你們不就有了攻吳的理由了嗎？」

田常聽了，爽快地同意了。

子貢趕到吳國，對吳王夫差說：「如果齊國攻下魯國，勢力強大，必將伐齊。大王不如先下手為強，聯魯攻齊，吳國不就可抗衡強晉，成就霸業了嗎？」

子貢馬不停蹄，又說服趙國，派兵隨吳伐齊，解決了吳王的後顧之憂。子貢遊說三國，達到了預期目標，他又想到吳國戰勝齊國之後，定會要脅魯國，如此一來，魯國仍不能算是真正排除危險。於是他偷偷跑到晉國，向晉定公陳述利害關係：吳國伏魯成功，必定轉而攻晉，爭霸中原。勸晉國加緊備戰，以防吳國進犯。

西元前四八四年，吳王夫差親自掛帥，率十萬精兵及三千越兵攻打齊國，魯國立即派兵助戰。齊軍中了吳軍的誘敵之計，陷於重圍，最後齊師大敗，主帥國書及幾員大將死於亂軍之中，齊國只得請罪求和。夫差大獲全勝之後，驕狂自傲，立即移師攻打晉國。然而晉國因早有準備，旋即擊退吳軍。

在整個事件中，子貢充分利用齊、吳、越、晉四國的衝突，巧妙操作，並周旋於其中。首先是借吳國之「刀」，擊敗齊國；其次是借晉國之「刀」，滅了吳國的威風。最後確保魯國僅受微小損失，並從危難中得以解脫。

一個「借」字在謀略家征戰時，成了呼風喚雨的寶貝。古兵書上說，誘使敵人，使其疲勞，是借敵力；使敵人之間產生誤解，自相殘殺，是借敵刃；取之於敵，用之於敵，是借敵財物；離間敵將領，使其自鬥，是借敵將；敵用計，我便將計就計，是借敵謀等等，可見，所借之內容層出不窮。企業家們掌握了「借刀殺人」的精髓，更是變化無窮，奇招迭出。

在貿易博覽會上，英國威爾斯親王參訪期間所休息的套房中，有索尼（Sony）所安設的電視。索尼公司提供了高質量的服務，使親王對他們非常滿意。

在大使館舉辦的招待會上，盛田昭夫經人介紹認識了親王。這次交流不僅僅是禮貌招待，而是成為了一場商業機會的起點。在接下來的一段時間裡，索尼公司開始尋求在英國擴展業務的可能性。索尼在英國設立工廠後，董事長盛田昭夫邀請了威爾斯親王出席開工典禮。為了感謝親王的光臨，盛田昭夫甚至在工廠門口豎起了一塊紀念牌匾，以示永遠銘記。

隨著時間的推移，索尼公司在英國的業務逐漸擴大。盛田昭夫再次邀請皇室成員參加工廠的擴建典禮。這一次，因為威爾斯親王的行程安排滿了，由懷有身孕的戴安娜王妃代替出席。盛田昭夫為了讓王妃感到舒適，親自照顧並讓她戴上一頂寫有「索尼」字樣的工作帽，這一舉動成為了媒體關注的焦點，將索尼的品牌形象推向了全球。

就這樣，索尼公司藉助英國皇室，成功地打入了英國市場。

從正面的角度來看，「借刀殺人」有著多元、豐富的意涵：「刀」，是指同業、輿論、對手、第三者，是一種可以假借的力量，善用之，事半功倍。借刀殺人，是為了保存自己的實力而巧妙地利用矛盾的謀略。當敵方動向已明，便千方百計誘導態度曖昧的友方迅速出兵攻擊敵方，自己的主力即可避免遭受損失。

借刀殺人者，不需自己打赤膊上陣，不需消耗自己的實力，更不會招致殺人兇手的罪名，真可謂絕頂聰明。在歷史和現實中，不僅陰險小人借刀殺人，即使是心懷坦蕩的君子，在特定的情況下，也會借刀殺人。

借刀殺人，巧在一個「借」字，但借刀必須有條件，或陳明利害，或許以重利。現代商戰中，有些人為謀取私利刻意製造他人的過失，以圖掩飾自己過錯的例子也屢見不鮮，其所用策略也可稱之為借刀殺人。借得巧妙，這些「刀」都化作了「力」。

【原文】

敵已明，友未定，引友殺敵，不自出力，以「損」推演。

【譯文】

敵方情況已明朗，盟友的態度尚在猶豫之中，這時應誘使盟友去消滅敵方，無需自己付出代價，這是根據《損》卦推理演算之理。

4・以逸待勞

困敵之勢，不以戰；損剛益柔。

以逸待勞，語出於《孫子・軍爭篇》：

故三軍可奪氣，將軍可奪心。是故朝氣銳，晝氣惰，暮氣歸。故善用兵者，避其銳氣，擊其惰歸，此治氣者也。以治待亂，以靜待嘩，此治心者也。以近待遠，以佚（同逸）待勞，以飽待饑，此治力者也。

又，《孫子・虛實篇》：

凡先處戰地而待敵者佚（同逸），後處戰地而趨戰者勞。故善戰者，致人而不致於人。

這句話的原意是說，凡是先到戰場等待敵人的，顯得從容、主動；後抵戰場的只能倉促應戰，勢必疲勞，且處於被動。所以，善於指揮作戰的人，總是位居主動，調動敵人，而絕不會被敵人所動。

三國時代，吳國殺了關羽，劉備怒不可遏，便親自率領七十萬大軍伐吳。蜀軍從長江上游順流進擊，居高臨下，勢如破竹。他們舉兵東下，連勝十餘陣，銳氣正盛，直至彝陵，猇亭一帶，深入吳國腹地五、六百里。而孫權這一方則是命青年將領陸遜為大都督，率領五萬人迎戰。

陸遜深諳兵法，完美分析了形勢，認為此時劉備銳氣始盛，並且居高臨下，吳軍難以進攻。於是決定採取戰略性的退卻，以觀其變。吳軍完全撤出山地之後，蜀軍在這五、六百里的山地間便難以展開軍力，反而變成處於被動地位，欲戰不能，兵疲意阻。僵持半年之後，蜀軍鬥志鬆懈。

陸遜看到蜀軍戰線綿延數百里，難以顧及頭尾，且在山林安營紮寨，已犯了兵家之忌。陸遜見時機成熟，便下令全面反攻，打得蜀軍措手不及。陸遜一把火燒毀蜀軍七百里連營，結果導致蜀軍大亂，傷亡慘重，慌忙撤退。陸遜就此創造了戰爭史上以少勝多、後發制人的著名戰例。

戰國末期，秦國少年將軍李信率二十萬軍隊攻打楚國，剛開始時，秦軍連克數城，銳不可擋。不久，李信中了楚將項燕伏兵之計，丟盔棄甲，狼狽而逃，秦軍損失數萬。後來，秦王又起用已告老還鄉的王翦。王翦率領六十萬軍隊，陳兵於楚國邊境。楚軍立即發重兵抗敵。然而此時老將王翦卻毫無進攻之意，只是專心修築城池，擺出一派堅壁固守的姿態。於是兩軍對壘，戰爭陷入一觸即發的局勢，楚軍急於擊退秦軍，僵持年餘。王翦在軍中鼓勵將士養精蓄銳，吃飽喝足，休養生息。秦軍將士人人身強力壯、精力充沛，且平時操練，技藝精進，王翦見狀心中十分滿意。

一年後，楚軍繃緊的弦早已鬆懈，將士已無鬥志，認為秦軍意在防守自保，於是決定東撤。王翦見時機已到，始下令追擊正在撤退的楚軍。

在追擊過程中，秦軍將士人人如猛虎下山，殺得楚軍潰不成軍。在秦軍乘勝追擊，勢不可擋的狀態下，秦國於西元前二二三年滅掉楚國。

此計的重點是：要讓敵方陷入困局，並非只能進攻。關鍵在於掌握主動權，待機而動，以不變應萬變，且做到以靜對動，積極調動敵人，不讓敵人動到自己一分一毫，保持「牽著敵人鼻子走」的態勢。所以，不可把以逸待勞的「待」字理解為消極被動的等待，掌握戰爭的主動權是本計最重要的關鍵。

「以逸待勞」在現代商業界也是經常用到的一計。此計的運用，經營者需確保絕佳的心理素質，在和對手進行鬥智鬥勇的過程中，要耐得住時間，耐得住來自四面八方的誘惑和小恩小惠，保持良好的自我狀態，才能滿足真正的需求。

在生意場域之中，妥協退讓，是為了贏得時機，休息靜思為的是醞釀使自己獲益的下一步。適時的停下腳步是為了等待更大的利益，萬不可在經營不利的情況下，盲目地硬是與對手對峙，不妨停下來等待時機，再進一步投入競爭，反敗為勝。

【原文】

困敵之勢，不以戰；損剛益柔。

【譯文】

欲使敵人處於困難的境地，不一定要採取直接進攻的手段，可以根據剛柔互相轉化的原理，實行積極防禦，逐漸消耗、疲憊敵人，使之由強變弱，我方的力量自然就會增強。

5．趁火打劫

敵之害大，就勢取利。剛決柔也。

趁火打劫，原意是趁人家家裡失火，一片混亂、無暇自顧的時候，去搶奪人家的財物。乘人之危撈一把，這可是不道德的行為。然而此計用在軍事方面指的是：當敵方遇到危難的時候，就要乘此機會進兵出擊，制伏對手。《孫子・始計篇》提到：「亂而取之」，唐朝杜牧解釋孫子此句說：「敵有昏亂，可以乘而取之。」講的就是這個道理。

春秋時期，吳國和越國相互爭霸，戰事頻繁。經過長期戰爭，越國終因不敵吳國，只得俯首稱臣。越王勾踐被扣在吳國，失去行動自由。勾踐立志復國，十年生聚，十年教訓，臥薪嚐膽。表面上對吳王夫差百般逢迎，最後終於取得夫差的信任，被放回越國。勾踐回國之後，表面上依然臣服於吳國，年年進獻財寶，麻痺夫差的防禦心；但同步於國內執行了富國強兵的政策。數年後，越國實力大大加強，人丁興旺、物資豐足、人心穩定。吳王夫差卻被勝利沖昏了頭腦，被勾踐臣服的假象迷惑，完全不把越國放在眼裡。他驕縱兇殘，拒絕納諫，殺了一代名將忠臣伍子胥，重用奸臣、生活淫靡奢侈，大興土木，搞得民窮財盡。

西元前四七三年，吳國民怨沸騰。越王勾踐選中吳王夫差北上和中原諸侯在黃池會盟的時機，大舉進兵吳國，吳國國內空虛，無力還擊，很快就被越國擊破滅亡。勾踐的勝利，正是乘敵之危，就勢取勝的典型戰例。

清朝時期，努爾哈赤、皇太極都早有入主中原的打算，只是直到去世都未能如願。順帝即位時，只有七歲，朝廷的權力都集中在攝政王多爾袞身上。多爾袞對中原早有攻占之意，他企圖建立功業，以遂父兄未完成的入主中原遺願。因此他時刻虎視眈眈，注視著明朝的一舉一動。

明朝末年，政治腐敗，民生凋敝。崇禎皇帝宵衣旰食，期望振興大明。但是他猜疑成性，賢臣良將根本無法在朝廷立足。他一連更換了十數名宰相，又殺了明將袁崇煥，他的周遭全是些奸邪小人，明朝崩潰大局已定。

西元一六四四年，李自成率農民起義軍一舉攻占京城，建立了大順王朝。可惜農民進京之後，立足未穩，首領們漸漸腐化墮落。明朝名將吳三桂的愛妾陳圓圓也被起義軍將領擄去。吳三桂本是勢利小人，慣於見風使舵。他看到明朝大勢已去，李自成自立為大順皇帝，本想投奔李自成鞏固自己的實力。然而李自成勝利之後，滋長了驕傲情緒，沒把吳三桂看在眼裡，抄了他的家，扣押了他的父親，擄了他的愛妾。本來就朝三暮四的吳三桂，「衝冠一怒為紅顏」，終於投靠滿清，借清兵勢力消滅了李自成。多爾袞聞訊，欣喜若狂，認為時機成熟，可以實現多年的願望。這時中原內部戰火紛飛，李自成江山未定，於是多爾袞迅速聯合吳三桂的部隊，進入山海關，只用了幾天的時間，就打到京城，趕走了李自成。此時多爾袞志得意滿登上金鑾寶殿，奠定了滿清占領中原的基礎。

在商業領域，「趁火打劫」這個詞彙往往意味著在競爭對手無法應對或處於弱勢時，迅速行動並奪取市場的戰略。我們可以透過福特汽車公司的案例來深入理解這個概念。

福特公司剛創立時，規模甚小，無法與那些強大的對手相抗衡。當時，許多競爭對手都專注於高價位的汽車製造。如果福特貿然與這些大公司爭奪高價位汽車市場，這無疑是自取滅亡的行為。因此，於是福特公司另闢蹊徑：生產平價汽車。這款汽車以其價格低廉而廣受中低階層消費者的歡迎，很快就出現了供不應求的情況，為福特公司帶來了可觀的利潤。

在此基礎上，福特公司持續發展，從一個默默無聞的小公司成長為世界知名的企業，並且開始夢想占領世界豪華汽車市場，但實力強大的競爭對手，尤其是英國美洲虎汽車公司，使這一夢想一直無法實現。

然而，一九八八年，機會終於來臨。由於英國美洲虎汽車公司內部勞資關係緊張，管理混亂，加上生產成本上升導致利潤急劇下降。十一月一日，英國貿易局突然宣布放棄該公司的決定性股份——黃金股份。這對福特公司來說是一個天賜良機。福特公司迅速行動，在二十四小時內以十六億英鎊的價格收購了美洲虎汽車公司，實現了多年來未能如願的夢想。

在現代經商活動中，「趁火打劫」也是經營高手慣用之計。經營者為了讓自己的企業和產品在競爭中立於不敗之地，千方百計地爭奪利益，以達到預期目的。但此計的運用，必須要真正了解對手的詳細情況，進行分析、論證，認定對手有求於自己時，才能逼對方接受自己的苛刻條件，獲得談判的成功。

【原文】

敵之害大，就勢取利；剛決柔也。

【譯文】

當敵方出現危難時，就應趁機出擊，奪取勝利；這就是把握戰機，以剛強擊柔弱，克敵制勝的策略。

6・聲東擊西

敵志亂萃，不虞，坤下兌上之象。利其不自主而取之。

聲東擊西此計名出自唐代杜佑編纂的《通典》：「聲言擊東，其實擊西。」聲東擊西，是忽東忽西，即打即離，引誘敵人做出錯誤判斷，然後乘機殲敵的策略。為使敵方的指揮發生混亂，行動必須靈活機動，本不打算進攻甲地，卻佯裝進攻；本來決定進攻乙地，卻不顯出任何進攻的跡象。似可為而不為，似不可為而為之，敵方就無法推知我們的意圖，被假象迷惑，而做出錯誤判斷。

東漢時期，班超出使西域，目的是團結西域諸國共同對抗匈奴。為了使西域諸國便於共同對抗匈奴，必須先打通南北通道。地處大漠西緣的莎車國，煽動周邊小國，歸附匈奴，反對漢朝。班超決定首先平定莎車。莎車國王北向龜茲求援，龜茲王親率五萬人馬，援救莎車。班超於是聯合于闐等國，但眼下兵力只有二萬五千人，敵眾我寡，難以力克，必須智取。班超遂定下聲東擊西之計，迷惑敵人。他派人在軍中散布對班超的不滿言論，製造「打不贏龜茲，可能撤退」的跡象，讓莎車俘虜聽得一清二楚。這天黃昏，班超命于闐大軍向東撤退，自己率部眾向西撤退，顯現出慌亂的假象，並於同時故意放俘虜趁機脫逃。俘虜逃回莎車營中，急忙報告漢軍慌忙撤退的消息。

龜茲王大喜，以為班超是因為懼怕自己而慌忙逃竄，想趁此機會，追殺班超。他立刻下令兵分兩路，追擊班超部隊，由他親自率領一萬精兵向西追殺班超。

班超胸有成竹，趁夜幕籠罩大漠，撤退僅十里地，部隊就地隱蔽。龜茲王求勝心切，率領追兵從班超隱蔽處飛馳而過。班超立即集合部隊，與事先約定的東路于闐人馬，迅速回師殺向莎車。此時班超的部隊如從天而降，莎車猝不及防，迅速瓦解。莎車王驚魂未定，逃走不及，只得請降。龜茲王氣勢洶洶，追走一夜，未見班超部隊蹤影，又聽得莎車已被平定，才知大勢已去，這時只能收拾殘部，悻悻然返回龜茲。

所謂「聲東擊西」，其實可引申為一種佯攻戰術，首先給對手假造危機四伏的處境，其後抓住敵人難以掌控的混亂之勢，並機動靈活地運用時東時西，似打似離，欲攻而又示之以不攻的戰術，造成敵人的錯覺，最後再出其不意地一舉奪勝。

聲東擊西之計，早已被歷代軍事家所熟知，所以使用時必須充分估計敵方情況。聽起來僅是一種方法，但卻能夠變化無窮。

【原文】

敵志亂萃，不虞，坤下兌上之象。利其不自主而取之。

【譯文】

當敵人處於心迷神惑、行為紊亂的狀況下，便難以提防突發事件，即出現萃卦所顯示的水漫於地之現象。此時可以利用他們心智混亂的時機，消滅他們。

7・無中生有

誑也，非誑也，實其所誑也，少陰，太陰，太陽。

無中生有，這個「無」，指的是「假」，是「虛」。這個「有」，指的是「真」，是「實」。無中生有，就是真真假假、虛虛實實，真中有假，假中有真。虛實互變，擾亂敵人，讓敵方作出錯誤的判斷及行動。

此計可分解為三部曲：第一步、示敵以假，讓敵人誤以為真；第二步、讓敵方識破我方之假，掉以輕心；第三步，我方變假為真，讓敵方仍誤以為假。如此一來，敵方思想已被擾亂，主動權便轉到我方手上。

使用此計策應留意兩點：第一、如果敵方指揮官屬於性格多疑、過於謹慎之類的話，此計特別容易奏效。第二、要把握敵方思想已亂、迷惑不解的時機，迅速轉虛為實，變假為真，變無為有，出其不意地攻擊敵方。

唐朝安史之亂時，許多地方官吏紛紛投靠安祿山、史思明。唐將張巡忠於唐室，不肯投敵，他率領二、三千人的軍隊守孤城雍丘（今河南杞縣）。安祿山派降將令狐潮率四萬人馬圍攻雍丘城。此時敵眾我寡，張巡雖取得幾次突擊出城襲擊的小勝，但無奈城中箭矢越來越少，趕製不及。若無箭矢，很難抵擋敵軍攻城。

張巡想起三國時諸葛亮草船借箭的故事，心生一計。急命軍中搜集秸草，紮成千餘個草人，將草人披上黑衣，夜晚用繩子慢慢往城下吊。夜幕之中，令狐潮以為張巡又要乘夜出兵偷襲，急命部隊萬箭齊發，急如驟雨。張巡輕而易舉獲敵箭數十萬支。

令狐潮天明後，知已中計，氣急敗壞，後悔不迭。第二天夜晚，張巡又從城上往下吊草人。賊眾見狀，哈哈大笑。張巡見計策已被敵人識破，就迅速吊下五百名勇士，此時敵兵仍不以為意。

於是五百勇士在夜幕掩護下，迅速潛入敵營，打得令狐潮措手不及，營中大亂。張巡乘此機會，率部衝出城來，殺得令狐潮大敗而逃，損兵折將，只得退守陳留（今開封東南）。最後，張巡巧用無中生有之計保住了雍丘城。

「聲東擊西」是以自身為主而製造有利之勢的計謀，其特點是站在避實就虛的勝戰基點上掌握主動攻勢。「聲東擊西」之計，也是製造假象迷惑敵人的計謀和策略。通常是以靈活機動的行動，忽東忽西，「不攻」而示之「攻」，「欲攻」而示之「不攻」，形似必然而不然，形似不然而必然，似可為而不為，似不可為而為之。對方順情推理，我方恰以勢用計，以達到出其不意奪取勝利的目的。

無中生有，是說假話、造假象以誆騙對手乃至世人，以達到所設想的目的。無恥小人造謠生事，是生活中常見的事。無賴政客假言惑眾，在歷史上時有發生。例如魚腹中的書帛、帝王頭頂上的王者之氣、夜間的飛龍夢，甚至還有地底挖出刻有天子名字的怪石等等，這些現象不絕於《史記》，卻又都是無中生有。氣焰高漲的狡猾商人，會把上門債主也說成是送錢的，信口開河，矇騙許許多多世人；大眾傳媒中也不乏這種從無變有的法術，他們顛倒是非，改造乾坤。凡此種種，均屬不道德的行徑。正統的無中生有，指的是張巡退叛兵，吳用得人才，張天師幫醫術高明但處境艱難的醫生等等，這才是權謀家的高招，大可效法！

無中生有之計，「無」是迷惑對手的假象，「有」則是假象掩蓋下的真實企圖，此計在激烈的市場競爭中常常被採用，讓對手以假為真，出其不意地達成獲利的真正目的。

【原文】

誑也，非誑也，實其所誑也，少陰，太陰，太陽。

【譯文】

運用假象欺騙對方，但不是弄假到底，而是讓對方把受騙的假象當成真相。利用大大小小各種假象來掩護背後的真相。

8．暗渡陳倉

示之以動，利其靜而有主，「益動而巽」。

暗渡陳倉，意思是採取正面佯攻，當敵軍被我牽制而集結固守時，我軍悄悄派出一支部隊迂迴到敵後，乘虛而入，進行決定性的突襲。此計與聲東擊西計有相似之處，都有迷惑敵人、隱蔽進攻的作用。但兩者的不同處是：聲東擊西，隱蔽的是攻擊點；暗渡陳倉，隱蔽的是攻擊路線。

此計是漢朝大將軍韓信發明。「明修棧道，暗渡陳倉」是古代戰爭史上著名戰例。

秦朝被推翻以後，項羽企圖獨霸天下。他占據了最富庶的中原大片土地，自封為西楚霸王，同時把劉邦封為漢王，放在貧瘠偏僻的巴、蜀及漢中三個郡。

劉邦當時羽翼未豐，不敢公開與項羽對抗。他佯裝出一副服從項羽的樣子，在領兵西進的路上，把幾百里棧道，全部燒掉，藉此鬆懈項羽的戒心。

劉邦站穩腳跟以後，拜天才軍事家韓信為大將，請他策劃向東發展、奪取天下的軍事部署。韓信掛帥以後，便開始興師動眾，重新修築被燒毀的幾百里棧道。重新修築棧道的工作十分辛苦和危險，不少膽怯的士兵紛紛逃走，又被抓了回來處死。

修棧道工作鬧得沸沸揚揚，消息很快就傳到了扼守中原門戶的雍王章邯耳朵裡。從此章邯更加鬆懈，天天飲酒作樂，對劉邦的東征根本不放在心上。

章邯還沒來得及做好迎戰的準備，已悄悄攻下陳倉的漢軍勢如破竹，直取雍州而來。章邯倉皇應戰，兵敗而歸。沒多久，翟王董翳、塞王司馬欣也先後戰敗投降，不到三個月的時間，富饒的關中大地就完全劃進了劉邦的勢力範圍。

棧道沒有修通，漢軍究竟是從哪兒攻入關中，占領陳倉的呢？原來，韓信興師動眾修築棧道，擺出要從棧道出擊的姿態，其實是為了麻痺敵方的警戒心，暗中卻是不聲不響地抄小路奇襲關中重鎮陳倉。守軍因此毫無戒備，一觸即潰，關中就這樣被劉邦攻占了。這就是戰爭史上

「明修棧道，暗渡陳倉」典故的由來。

韓信「明修棧道，暗渡陳倉」是中國歷史上有名的戰例，歷來為世人所津津樂道。韓信這一招，奠定了劉邦大業的基礎，後來有很多兵法家效法韓信，兵法家探尋源流，究其真諦，使「暗渡陳倉」成為三十六計中的一計。

「暗渡陳倉」的前提，是「明修棧道」，即公開地展示出讓敵人覺得無害的戰略行動，促使敵人鬆懈警戒。在公開行動的背後，可能有真正的行動，也可能把重心轉移到防衛，最後趁敵人被假象蒙蔽而放鬆警惕時，給敵人施以措手不及的致命打擊，自己則能在沒有遭到任何抵抗或防備的情況下，出奇制勝。

一九二七年，可口可樂公司看準中國市場潛力，首度進軍上海。然而，他們面臨了令人意外的挑戰：中國市場對可口可樂的接受度遠低於預期，銷售業績慘淡。其根本原因竟然源於翻譯問題——當時的翻譯人員將可口可樂的名字直譯為「蝌蝌啃蠟」，在消費者心目中引發了負面聯想，嚴重影響了消費者對該品牌的接受度。

然而，可口可樂公司並未因此放棄對中國市場的渴望。一九七六年，他們開始不斷嘗試重返中國市場。在當年可口可樂總裁馬丁的堅持下，公司展開了一系列努力，包括向中國出口可口可樂、更新全新的譯名——可口可樂等。

可口可樂公司首先尋求在中國設廠，「明修棧道」宣稱所生產的可樂是針對到中國旅遊的外國人，特別是歐洲人和美國人。這項策略實則是可口可樂公司對中國市場的深刻洞察和戰略部署。

一九七八年，隨著中美關係出現新的轉機，可口可樂公司終於再度進入中國市場。為了快速打開市場，北京可口可樂分公司推出了首次促銷活動，吸引了眾多關注，可口可樂再次引爆了中國飲料市場，一度成為中國消費者餐桌常見的飲料，成為中國年輕人群最愛喝的飲料之一。

在現代商業競爭的經營活動中，「暗渡陳倉」是商家常用的妙計，用來製造假象，迷惑對手或消費者，使其購買企業產品或採用企業所提供之服務，達到占領市場的目的，但須注意在真正使用這一妙計時，必須事先「明修棧道」，以迷惑對手，且不能讓對手看出破綻，方能順理成章地實現自己的企圖。

【原文】

示之以動，利其靜而有主，「益動而巽」。

【譯文】

刻意地佯裝要進攻，利用敵方決定重兵固守的時機，暗地裡悄悄實行真實的行動，分兵迂迴敵後發動突然襲擊，出奇制勝。事物的增益，因為變動而順達。

9．隔岸觀火

陽乖序亂，陰以待逆。暴戾恣睢，其勢自斃。順以動豫，豫順以動。

隔岸觀火的要點在於：當敵人內部出現混亂的時候，我軍以不變應萬變，不出擊的效果可能比出擊的效果更好。隔岸觀火與趁火打劫的區別在於，趁火打劫是要求在敵人出現潰敗或者失去控制的時候，我方積極出擊，奪取最大的利益；而隔岸觀火，則是在敵人出現動盪不安且尚未完全露出敗相時，我方要靜觀其變，利用敵人的內耗來達到打擊敵人的效果。其實就是順其變化，坐山觀虎鬥，最後讓敵人自相殘殺，坐收漁翁之利。

在《三國演義》中，袁紹臨終之時，由其妻劉氏及謀士審配、逢幻操縱，立三子袁尚為大司馬將軍，統領冀、青、幽、並四州之地。其長子袁譚深為不滿，欲與袁尚一爭高下。

恰在此時，曹操乘連勝之威，進攻黎陽。袁譚迎戰大敗，只好派人向袁尚求救。袁尚僅撥五千兵力相助，且在半路上被曹軍全部截殺。此後，袁尚即不再增派援兵，意欲借曹操之手除掉其兄。袁譚大怒，便欲投降曹操。

消息傳到冀州，袁尚擔心袁譚降曹後併力來攻，便親自率領大軍去黎陽救助袁譚。袁譚聞訊大喜，遂打消了投降的念頭。不久，袁熙、高幹也領救兵來到黎陽城下。四支兵馬聚在一處，仍然不是曹操的對手，黎陽很快就被曹軍攻破。袁氏兄弟與高幹只好棄城逃走。此時曹操引兵追趕，袁譚與袁尚退入冀州堅守，袁熙與高幹則在城外下寨，以成犄角之勢。曹軍連日攻打，一時難以奏效。

這時，謀士郭嘉向曹操獻「隔岸觀火」之策說：「袁紹廢長立幼，而袁譚、袁尚二人勢力相當，各樹黨羽，互相爭鬥。如果進攻太急，他們就會團結一致對付我們；如果暫緩攻擊，他們之間就會相互爭鬥。我們不如舉兵南向，作出南征劉表的姿態，等待其內部發生變亂後，再予進擊，定可一舉平定河北之地。」

曹操認為此言有理，便留下賈信守黎陽，曹洪守官渡，自率大軍向荊州進兵。後來果真如郭嘉所料，曹操撤軍不久後，袁譚與袁尚即大動干戈。袁譚敵不過袁尚，便派人向曹操求救。曹操乘機揮軍北向，首先打敗袁尚、袁熙，後又消滅掉袁譚和高幹，從而一舉平定了河北。

袁熙、袁尚被逐出冀州後，引兵連夜奔往遼西投依烏桓去了。曹操採用郭嘉之言，以田疇為嚮導，從盧龍口越白檀之險，輕軍千里往襲，在白狼山與袁氏兄弟及烏桓王冒頓的大軍相遇。兩軍大戰一場，冒頓大敗被殺，袁熙、袁尚率數千人逃向遼東。曹操並不追趕，退軍易州，按兵不動。

大將夏侯說：「遼東太守公孫康，久不賓服。現在袁熙、袁尚又前往投靠，必為後患。不如乘其未動，火速往征。」

曹操笑道：「用不著勞煩諸位虎威，幾天之後，公孫康定會自動將二袁的腦袋送來。」眾將都不相信。然而，不久之後，公孫康果然派人將袁熙、袁尚的首級送到。

曹操大笑道：「果不出郭嘉之料！」

原來，郭嘉在征烏桓途中染病了。臨終之時，他寫下一封信給曹操，授計說：「公孫康一直擔心袁氏吞併，今袁熙、袁尚前去投奔，心中必然懷疑。如果我們派軍攻打，他們勢必並力迎擊，急切中難以得手；如果暫緩出兵，公孫康與袁氏兄弟就會互相火拼。」

後來事情正如郭嘉分析，公孫康得知袁熙、袁尚將來投奔，當即與手下人議定：「若曹操前來征討，便留下他們，合力抗曹；否則，就將進入城中的他們殺掉，獻給曹操。」這是因為當年袁紹曾有吞併遼東之心，公孫康不僅一直耿耿於懷，而且也擔心袁氏兄弟前來投靠是假，欲鳩占鵲巢是真。而袁氏兄弟也的確如公孫康所擔心的那樣，企圖尋機殺掉公孫康等人，藉著遼東數萬騎兵與曹操抗衡，收復河北。所以，當細作回報說「曹操屯兵易州，並無下遼東之意時」，公孫康立即設計將二袁殺掉，並且派人將首級送到易州。

結果曹操不折一兵一卒，即除掉了袁熙、袁尚，並且讓公孫康自動歸服。

《孫子兵法》說：「主不可以怒而興師，將不可以慍而致戰，合於利則動，不合於利而止。」領導者、政策執行者不可意氣用事，「合於利」才採取行動，不合於利，就要觀望。

在這個故事中，曹操兩次運用了隔岸觀火之計。這個計策充分利用敵方內部的矛盾和衝突。因此對敵方內部的熟悉度是非常重要的關鍵，且對其發展趨勢也要維持正確的判斷。隔岸觀火，並不是指單純的等待，而是要有銳利的眼光、劍及履及的決心、果斷的行動力。要像翱翔天際的禿鷹，看似逍遙自在，實則嚴陣以待，以銳利的雙眼，緊盯著幾百公尺外的一動一靜，等待敵方內部發生一場血腥的獵殺，以便收拾戰果。

在現代社會，此計主要是見於國內外市場激烈的競爭之中。觀者採取靜觀其變的態度，等待有利的時機一舉加入，趁機占領市場。可見，運用隔岸觀火之計不應是消極等待、觀望，而是要充分掌握競爭對手的態勢，取得成功。「不謀萬世者，不足謀一時」，這一謀略的運用必須巧妙、周全，還需認真學習歷代人用謀之道。畢竟只有了解歷史，才能掌握現在，謀劃未來。

【原文】

陽乖序亂，陰以待逆。暴戾恣睢，其勢自斃。順以動豫，豫順以動。

【譯文】

表面上迴避了敵人的混亂，暗地裡等待其內部爭鬥的發生，當敵方內部發生衝突、混亂時，我應靜待其形勢繼續惡化。待其自相殘殺進而自然削弱、消亡。這就是豫卦所講的：「順以動豫，豫順以動」的道理。

10・笑裡藏刀

信而安之，陰以圖之。備而後動，勿使有變。剛中柔外也。

笑裡藏刀，此計的計名可追溯到唐代詩人白居易的詩作《無可度》：「且滅嗔中火，休磨笑裡刀。不如來飲酒，穩臥醉陶陶。」笑裡藏刀，原意是指口蜜腹劍，兩面三刀。此計在軍事上，是運用於政治外交上的偽裝手段，旨在欺瞞敵方意志，並同步掩蓋己方軍事行動的計謀，是一種表面友善而暗藏殺機的謀略。

戰國時期，秦國為了對外擴張，必須奪取地勢險要的黃河崤山一帶，派公孫鞅為大將，率兵攻打魏國。公孫鞅大軍直抵魏國吳城城下。

吳城原是魏國名將吳起苦心經營之地，地勢險要，工事堅固，正面進攻恐難奏效。公孫鞅苦苦思索攻城之計，後來得知魏國守將是與自己曾經有過交往的公子卬，心中大喜。他馬上寫信，主動與公子卬聯絡。

他在信中提到：「雖然我們現在各維其主，但考慮到我們過去的交情，不忍心相互攻擊，我可以與公子當面相見，訂立盟約，痛痛快快地喝幾杯然後各自撤兵，讓秦魏兩國相安無事為好。」在這封信中，念舊之情溢於言表，信末他還建議約定時間會談議和大事。

信件送出後，公孫鞅甚至擺出主動撤兵的姿態，號令軍隊前鋒立即撤回。

公子卬閱畢來信，又見秦軍退兵，非常高興，馬上回信約定會談日期。

公孫鞅見公子卬已落入了圈套，暗地在會談之地設下埋伏。會談當日，公子卬帶了三百名隨從到達約定地點，見公孫鞅的隨從更少，而且完全沒攜帶兵器，更加相信對方的誠意。

會談氣氛十分融洽，兩人重敘昔日友情，表達雙方交好的誠意。公孫鞅還擺宴款待公子卬。公子卬興沖沖人席，還未坐定，忽聽一聲號令，伏兵從四面包圍過來，公子卬和三百隨從反應不及，全部被擒。公孫鞅利用被俘的隨從，騙開吳城城門，占領了吳城。最後魏國只得割讓西河一帶，向秦求和。秦國就是這樣運用了公孫鞅的笑裡藏刀之計，輕取崤山一帶。

三國時期，由於荊州地理位置十分重要，成為兵家必爭之地。西元二一七年，魯肅病死，孫、劉聯合抗曹的蜜月期結束。

當時，關羽鎮守荊州，孫權久存奪取荊州之心，只是時機尚未成熟。不久以後，關羽發兵進攻曹操控制的樊城，因擔心有後患，便留下重兵駐守公安、南郡，保衛荊州。孫權手下大將呂蒙認為奪取荊州的時機已到，但因有病在身，遂建議孫權派當時毫無名氣的青年將領陸遜接替他的位置，駐守陸口。

陸遜上任後，並沒有刻意表現自己，而是定下了與關羽「假和好、真備戰」的策略。他給關羽寫了一封信，信中極力誇耀關羽，稱關羽功高威重，可與晉文公、韓信齊名。並自稱一介書生，年紀太輕，難擔大任，請關羽多加指教。

關羽為人，驕縱自負，目中無人，他讀罷陸遜的信，仰天大笑，說道：「無慮江東矣。」接著馬上從防守荊州的守軍中調出大部人馬，一心一意攻打樊城。陸遜接著暗地派人向曹操通風報信，約定雙方一起行動，夾擊關羽。

孫權認定奪取荊州的時機已經成熟，派呂蒙為先鋒，向荊州進發。呂蒙將精銳部隊埋伏在改裝成商船的戰艦內，日夜兼程，突然襲擊，攻下南部。

關羽得訊，急忙回師，但為時已晚，孫權大軍已占領荊州。陸遜的笑裡藏刀使關羽敗走麥城。

過往很多人看電視時，碰到廣告時間會馬上轉台，可現在許多廣告商不再平鋪直敘介紹商品，而是把親情、友情、愛情的元素注入廣告中。這樣的廣告不僅僅是讓廣告和商品擁有了生命力，且透過賦予商品人性化的特點，激起消費者和品牌之間的共鳴，精妙之處就在於「講到心坎裡」，好似綿裡藏針，藏而不露，讓消費者成為品牌的忠誠粉絲。

「笑裡藏刀」生動地勾勒出一幅外表和善可親，而內心陰險的形象。在現代社會中，笑裡藏刀一計也是經營者常用的計謀。使用此計的經營者，在與對手進行談判的過程中，外表看來顯得溫和謙恭，面帶微笑，貌似雍容大度，但實際上並非如此，其中有氣量狹小的，有喜歡猜忌的，有陰險狠毒的。經營者運用此計，目的無非是要讓對手服從自己，讓對方在自己設下的圈套中行事，以此達到有利於自身的目的。

【原文】

信而安之，陰以圖之。備而後動，勿使有變。剛中柔外也。

【譯文】

使敵方充分相信我方，並安然不動，鬆懈敵方的意志，在暗中卻謀劃克敵致勝的方案，經過充分準備後，伺機發布行動，在敵人未察覺的狀態下採取應變措施，這就是外表柔和，實則強硬銳利。

11・李代桃僵

勢必有損，損陰以益陽。

李代桃僵，語出《樂府詩集・雞鳴篇》：「桃生露井上，李樹生桃傍，蟲來齧桃根，李樹代桃僵，樹木身相代，兄弟還相忘？」本意是指兄弟要像桃李共患難一樣相互幫助，互助互愛。此計運用在軍事上，意指在敵我雙方勢均力敵，或者敵優我劣的情況下，要懂得付出小的代價，換取規模較大的勝利之謀略。這點很像大家在象棋比賽中「捨車保帥」的戰術。

戰國後期，越國北部經常受到匈奴蟾襤國及東胡、林胡等部騷擾，邊境不寧。趙王派大將李牧鎮守門戶雁門。李牧上任後，日日殺牛宰羊，犒賞將士，只許堅壁自守，不許與敵交鋒。匈奴摸不清底細，不敢貿然進犯。李牧加緊訓練部隊，養精蓄銳，幾年後，兵強馬壯，士氣高昂。

西元前二五〇年，李牧準備出擊匈奴。他派少數士兵保護邊塞百姓出去放牧。匈奴人見狀，派出小股騎兵前去劫掠，李牧的士兵與敵騎交手，假裝敗退，丟下一些人和牲畜。匈奴人占得便宜，得勝而歸。於是匈奴單于心想，李牧從來不敢出城征戰，果然是不堪一擊的膽小之徒，於是親率大軍直逼雁門。李牧料到驕兵之計已經奏效，於是嚴陣以待，兵分三路，給匈奴單于準備了一個大口袋。匈奴軍輕敵冒進，被李牧分割幾處，逐個圍殲。最後單于兵敗，落荒而逃，蟾襤國滅亡。李牧付出小小的損失，換得了全域的勝利。

在戰場上較量時，兵家們往往犧牲局部保全整體，或犧牲小股兵力，保存實力，以獲得最後的勝利，這也是一種「李代桃僵」之法。

當然，大難當前，主動站出來代人受苦受難，也是一種代僵法。

春秋時期，晉國大奸臣屠岸賈鼓動晉景公滅掉於晉國有功的趙氏家族。屠岸賈率三千人把趙府團團圍住，把趙家全家老小，殺得一個不留。幸好趙朔之妻莊姬公主已被祕密送進宮中。屠岸賈聞訊必欲趕盡殺絕，要晉景公殺掉公主。景公念在姑侄情分，不肯殺公主。

當時公主已身懷有孕，屠岸賈見景公不殺她，便設下斬草除根之計，準備殺掉嬰兒。公主產下一男嬰，屠岸賈親自帶人入宮搜查，公主將嬰兒藏在衣褲內，躲過了搜查。屠岸賈估計嬰兒已偷送出宮，立即懸賞緝拿。

趙家門客公孫杵臼與程嬰商量救孤之計：「如能將一嬰兒與趙氏孤兒對調，我帶這一嬰兒逃到首陽山，你便去告密，讓屠賊搜到那個假趙氏遺孤，方才會停止搜捕，趙氏嫡脈才能保全。」程嬰的妻子此時正生一男嬰，他決定用親子替代趙氏孤兒。他以大義說服妻子，忍著悲痛讓公孫杵臼把自己的兒子帶走。程嬰接著依計，向屠岸賈告密。

屠岸賈迅速帶兵追到首陽山，在公孫杵臼居住的茅屋，搜出一個用錦被包裹的男嬰。屠賊殺死了嬰兒，並認為已經斬草除根，放鬆了警戒。

後來，在忠臣韓厥的幫助下，派遣一名心腹假扮醫生，入宮給公主看病，並以藥箱偷偷把嬰兒帶出宮外。程嬰聽說自己的兒子被屠賊殺死，他強忍悲痛，帶著公主的嬰兒逃往外地，過了十五年後，孤兒長大成人，知道自己的身世後，在韓厥的幫助下，兵戈討賊，殺了奸臣屠岸賈，報了大仇。

程嬰見趙氏大仇已報，陳冤已雪，不肯獨享富貴，拔劍自刎，他與公孫杵臼合葬一墓，後人稱「二義塚」，他們的美名千古流傳。

美國清潔液公司哈勒爾曾經占據美國幾乎五〇%的清潔液市場。但在一九六七年，P&G寶僑公司準備進軍噴液清潔劑市場，以「新奇」品牌挑戰哈勒爾公司的地位。P&G寶僑公司投入大量廣告和促銷費用，試圖在這一細分市場獲得立足之地。然而，哈勒爾公司在事前獲悉了P&G寶僑的計畫，並迅速採取了應對措施。

哈勒爾公司停止了在丹佛市供應「Formula 409」的產品，中止了一切廣告和促銷活動，從而制造了市場真空。P&G的「新奇」噴液清潔劑因此得以獨占市場，並取得了驚人的業績。

當P&G根據試銷業績大量生產並推向全國市場時，哈勒爾公司已經準備好了下一步的策略。他們充分利用價格優勢，以優惠價傾銷四百五十毫升裝和二百五十克裝的「配方409」噴液清潔劑，成功吸引了大多數顧客一次性購足半年或一年的用量。

P&G寶僑公司雖然投入了大量廣告和促銷費用，但在哈勒爾公司低價攻勢的衝擊下，收效甚微。最終，P&G寶僑不得不撤回「新奇」產品，而哈勒爾公司的「Formula 409」則再次穩坐市場地位。

將李代桃僵的例子放到現代，可以提醒經營者不要為小利所誘惑，也不要為小害所影響，而是從宏觀的角度看待全局，並從中衡量主要優勢，摒棄寸步不讓的僵局。真正高明的經營者懂得「以退為進」的道理，達到最終的目的。

【原文】

勢必有損，損陰以益陽。

【譯文】

當局勢發展到必然有所損失時，應捨得小的損失而保全大局。

12．順手牽羊

微隙在所必乘，微利在所必得。少陰，少陽。

順手牽羊是看準敵方在移動中出現的漏洞，抓住其薄弱點，乘虛而入，獲取勝利的謀略。古人云：「善戰者，見利不失，遇時不疑。」意思是要捕捉戰機，乘機爭利，當然，小利是否必要取得，還需考慮全域，只要不會「因小失大」，小勝的機會也不應放過。

西元三八三年，前秦統一了黃河流域，勢力強大。前秦王苻堅坐鎮項城，調集九十萬大軍，打算一舉殲滅東晉。他派其弟苻融為先鋒攻下壽陽，初戰告捷。苻融判斷東晉兵力不多且嚴重缺糧，建議苻堅迅速進攻東晉。苻堅聞訊，不等大軍齊集，立即率幾千騎兵趕到壽陽。

東晉將領謝石得知前秦百萬大軍尚未齊集，抓住時機，擊敗敵方前鋒，挫敵銳氣。謝石先派勇將劉牢之率精兵五萬，強渡洛澗，殺了前秦守將梁成。劉牢之乘勝追擊，重創前秦軍。謝石率師渡過洛澗，順淮河而上，抵達淝水一線，駐紮在八公山邊，與駐紮在壽陽的前秦軍隔岸對峙。苻堅見東晉陣勢嚴整，立即命令堅守河岸，等待後續部隊。

謝石看到敵眾我寡，只能速戰速決。於是，他決定用激將法激怒驕狂的苻堅。他派人送去一封信，說道：「我要與你決一雌雄，如果你不敢決戰，還是趁早投降為好。如果你有膽量與我決戰，你就暫退一箭之地，放我渡河與你比個輸贏。」

苻堅大怒，決定暫退一箭之地，準備等待東晉部隊渡到河中間時，再次回兵出擊，將晉兵殲滅於水中。他哪裡料到此時秦軍士氣已極端低落，當撤軍令發出，頓時軍心大亂，秦兵爭先恐後，人馬衝撞，亂成一團，怨聲四起。

這時他的指揮已經失靈，幾次下令停止退卻，但如潮水般撤退的人馬已成潰敗之勢。這時謝石指揮東晉兵馬，迅速渡河，乘敵人大亂，奮力追殺。前秦先鋒苻融被東晉軍在亂軍中殺死，苻堅也中箭受傷，慌忙逃回洛陽，前秦大敗。

這就是歷史上有名的淝水之戰，東晉軍抓住戰機，乘虛而入，是古代戰爭史上以弱勝強的著名戰役。

順手牽羊，喻指意外獲得某種便宜或毫不費力地獲得原本要耗費龐大氣力才能獲得的東西。作為一種計謀，順手牽羊常常不是等「羊」自動找上門來，而是尋找敵方的空隙，誘使敵方出現漏洞，並把握機會即時伸手，讓「牽羊」的動作順利進行。

在戰爭中，機遇是非常重要的，敵方的疏漏往往是我方的機會。善戰者，必定能明白這個道理。

在現代的經濟浪潮中，順手牽羊一計在市場廣告競爭中常常被採用，經營者為了突出自身企業產品的優點，在宣傳自身企業產品優點的同時，往往順手牽羊，與競爭產品進行比較，間接地貶低對方、提高自己，是達成目的常見方法。

【原文】
微隙在所必乘，微利在所必得。少陰，少陽。

【譯文】
對手再小的疏忽，也得加以利用；就算是利益對我而言再怎麼微小也要力爭。將對方的疏忽轉換為我方的小勝利。

13・打草驚蛇

疑以叩實，察而後動。復者，陰之媒也

打草驚蛇，出自《南唐近事》：唐代王魯為當塗縣令，搜刮民財，貪污受賄。一次，縣民控告他的部下主薄貪贓。他見到狀子，十分驚駭，情不自禁地在狀子上批了八個字：「汝雖打草，吾已驚蛇。」

打草驚蛇，作為謀略，是指敵方兵力尚未暴露，行蹤詭祕，意向不明時，切不可輕敵冒進，應當查清敵方狀態再行動。另一則指對於隱蔽的敵人，不得輕舉妄動，以免敵方發現我軍意圖而採取主動；還有一種是指用佯攻助攻等方法「打草」，引蛇出動，中我埋伏，聚而殲之。

西元前六二七年，秦穆公發兵攻打鄭國，他打算和安插在鄭國的奸細裡應外合，奪取鄭國都城。大夫蹇叔認為，秦國離鄭國路途遙遠，興師動眾、長途跋涉，鄭國肯定會作好迎戰準備。秦穆公不聽蹇叔勸告，仍派孟明等三帥率部出征。為此蹇叔在部隊出發時，痛哭流涕地說：「你們這次恐怕襲鄭不成，反會遭晉國埋伏，看來我只能到崤山去給士兵收屍了。」

事情果然如蹇叔所料，鄭國得到了秦國襲鄭的情報，逼走了秦國安插的奸細，作好迎敵準備。秦軍見襲鄭不成，只得回師，但部隊長途跋涉，十分疲憊。當部隊經過崤山時，仍然不作防備，以為憑秦國曾對晉國剛死不久的晉文公有恩，晉國不至於攻打秦軍。殊不知，晉國早在崤山險峰峽谷中埋伏了重兵。

當秦軍發現晉軍部隊時，孟明十分惱怒，下令追擊，直追到山隘險要處時，晉軍突然不見蹤影。孟明一見此地山高路窄，草深林密，情知不妙，這時鼓聲震天，殺聲四起，晉軍伏兵蜂湧而上，大敗秦軍，生擒孟明等三帥。秦軍不察敵情輕舉妄動，正是打草驚蛇，最終遭晉軍慘敗。

諸多兵法中早已告誡指揮者，行軍當遇地勢險要，坑地水窪、蘆葦密林、野草遍地時，千萬不能大意，稍有不慎，就會打草驚蛇而被埋伏之敵所殲。但是戰場情況複雜，變化多端，有時己方巧設伏兵，故意打草驚蛇，讓敵軍中計的戰例也層出不窮。三十六計具有陽直與陰毒的雙重特質，一部分是純陽直的善計，打草驚蛇便是其中之一。

一九八二年，美國第三大汽車製造商克萊斯勒[1]（Chrysler）正處於困境之中，所積欠的各種債務高達四十八億美元。雖然在艾科卡（Lee Iacocca）的領導下走出了低谷，但如何重振雄風仍是一大難題。艾科卡決心採取出奇制勝的策略，以重塑公司形象。

對於企業家來說，提高知名度和產品市場占有率是重要的手段。艾科卡決定透過引人注目的行動來吸引公眾的關注。他特意製作了一輛色彩新穎、造型奇特的敞篷小汽車，並親自駕駛在繁華的街道上。這一行動吸引了許多人的好奇心，為克萊斯勒公司贏得了關注。

艾科卡並未滿足於此，他將敞篷小汽車開到購物中心、超市和娛樂中心等地，吸引了更多人的圍觀。透過幾次「打草」，艾科卡逐漸掌握了市場的情況。最終，克萊斯勒公司正式推出

1 克萊斯勒集團於一九二五年由沃爾特・克萊斯勒創建。一九九八年，克萊斯勒與戴姆勒—賓士合併為戴姆勒—克萊斯勒，二〇〇七年克萊斯勒集團的股份被出售，再度成為獨立集團。二〇一三年，義大利商飛雅特入股投資，並於翌年合併成為飛雅特克萊斯勒集團。現時克萊斯勒汽車已經成為斯泰蘭蒂斯集團旗下的子品牌。

了敞篷汽車，並取得了驚人的銷售成績。

將打草驚蛇的道理運用於現代社會中，經營者便應知，若須在競爭對手中選擇合作夥伴，應事先調查、研究、分析、預測以掌握市場行情，了解對手、認識消費者需求等各個環節，準確把握後續的經銷活動，以保證明確的經營方針與針對性，才能使經營真正達到目的。

【原文】

疑以叩實，察而後動。復者，陰之媒也

【譯文】

有疑問就要偵察核實，等調查清楚之後再行動。「復」卦的原說，正是對付敵人陰謀的手段。

14・借屍還魂

有用者，不可借；不能用者，求借。借不能用者而用之，匪我求童蒙，童蒙求我。

借屍還魂，原意是說已經死亡的東西，又借助某種形式得以復活。用在軍事上，是指利用、支配那些沒有作為的勢力來達到我方目的的策略。在戰爭中，對雙方都有用的勢力，往往難以駕馭，很難加以利用。然而沒有作為的勢力，往往需尋求靠山。這時，利用控制這樣的勢力，往往可以達到制勝的目的。

在人類社會中，借他人幌子，達到自己的目的，隨處可見。

在朝代更迭之際，掌握權勢或擁兵自重者，往往擁立亡國君主的後代，打著他們的旗號，號召天下，這便是「借屍還魂」的具體做法。凡是將兵權寄託在他人名下，而實際掌控攻守大權的人，運用的都是借屍還魂之計。

秦朝實行暴政，天下百姓「欲為亂者，十室有五。」大家都有意反秦，但如果沒有強有力的領導者和組織者，也難成大事。秦二世元年，陳勝、吳廣被徵發到漁陽戍邊。當這些戍卒走到大澤鄉時，連降大雨，道路被水淹沒，眼看無法按時到達漁陽。按照秦朝法律規定，凡是不能按時到達指定地點的戍卒，一律處斬。陳勝、吳廣知道，即使到達漁陽，也會因為誤期被殺，此時不如一拼，尋求一條活路。他們知道同去的戍卒們也都有相同想法，正是舉兵起義的大好時機。

陳勝又想，自己地位低下，恐無號召力；當時有兩位名人深受人民尊敬，一個是秦始皇的大兒子扶蘇，溫良賢明，已被陰險狠毒的秦二世暗中殺害，老百姓卻不知情；另一個是楚將項燕，功勳卓著，愛護將士，威望極高，在秦滅六國之後便不知去向。於是陳勝打出他們的旗號，以期得到大家的擁護，還利用當時人們的迷信心理，巧妙地作了其他安排。

一天，士兵做飯時，在魚腹中發現一塊絲帛，上面寫著「陳勝王」，士兵大驚，暗中傳開。吳廣又趁夜深人靜之時，在曠野荒廟中學狐狸叫，士兵們還隱隱約約地聽到空中有「大楚興，陳勝王」的口號。於是大家以為陳勝非常人，肯定是「天意」讓他來領導大家。陳勝、吳廣見時機已到，遂率領戍卒殺死朝廷派來的將尉。陳勝登高一呼，揭竿而起。於是，陳勝自號為將軍，吳廣為都尉，攻占大澤鄉，天下雲集回應，節節勝利，所向披靡。後來，部下擁立陳勝為王，國號「張楚」。

韓國的工業在二戰後蓬勃發展，然而其造船業一直居於相對滯後的狀態。直到現代集團創始人和首任會長鄭周永看準了這個產業。一九七〇年，他在蔚山購買了地皮，著手籌建一個能建造三萬噸級的輪船和年產五十萬噸輪船的造船廠。為此，鄭周永投入巨一百萬美元，並向政府貸款一千萬美元。儘管他本人對造船一竅不通，但信心十足。在一次記者招待會上，他曾說：「造船，就像建電廠一樣，總是要由不會到會，由陌生到熟悉，沒什麼了不起的。」

然而，當造船廠開業後，一開始卻難以吸引訂單。調查發現，外商不相信他們的造船能力，認為韓國無法打造大型油輪。鄭周永心急如焚，因為他的造船廠全賴貸款維持運營。他想了許多辦法，卻始終束手無策。鄭周永有收藏舊鈔的喜好。有一天，當他無聊翻閱一堆發黃的舊鈔時，突然眼前一亮。

原來，在一張面額為五百韓圜的舊鈔上，印有十六世紀朝鮮民族英雄李舜臣和他的龜甲船（此鈔票被用來紀念打敗日本豐臣秀吉的偉大功績），龜甲船外觀與現代油輪非常相似。於是，他想到了一個能贏得外商信任的妙計。他帶著那張發黃的舊鈔，遊說各方，宣稱韓國早在一五〇〇年就有造船的能力，他們的民族英雄曾用這種大船擊敗過日本人等等。透過他的遊說，又有鈔票為證，配合現代公司平日在韓國建立的信譽及其相關產業生產能力，讓英國技術公司發出「現代公司」有能力建造大型船廠的證明書，並寫推薦信，讓鄭周永取得英國造船廠船舶設計圖。很快的就爭取到建造兩艘二十六萬噸級油輪的訂單。

鄭周永憑藉一張舊鈔票，為自己的造船廠打開了銷路，事業也因此蒸蒸日上。

一些有用的東西（如權勢、實力、財富等），往往掌控在別人手中，是借不到的，不容易為我所用；一些看似不能用的東西（名義、旗號、聲望），只要借助於它，善加利用，往往能發揮一定程度的作用。因此，假借那些看似無用之物，發揮「無用之用」，反而能創造奇效。《易經・蒙卦》指出，這並不是教我求助於愚昧之人，而是使愚昧之人求助於我。

【原文】

有用者，不可借；不能用者，求借。借不能用者而用之，匪我求童蒙，童蒙求我。

【譯文】

有所作為的，難以控制，不可加以利用；無所作為的，多依賴別人，會求助於我，完全可以控制和利用。利用沒有作為的事物，並不表示我受了愚昧之人支配，而是我在支配愚昧之人。

15・調虎離山

待天以困之，用人以誘之，往蹇來反。

調虎離山，此計用在軍事上，是一種調動敵人的謀略。它的核心在「調」字。虎，指敵方；山，指敵方占據的有利地勢。在軍事上，當敵人比我強大並占據有利地勢時，我若強攻，損失必然慘重。為削弱敵人的力量，先要把敵人與其憑藉的優勢條件分離開來，使其處於不利而對我有利的環境中。在敵我優勢發生變化之後，再與其決戰，以圖贏得最後的勝利。

東漢末年，軍閥併起，各霸一方。孫堅之子孫策，年僅十七歲，年少有為，繼承父志，勢力逐漸強大。西元一九九年，孫策欲向北推進，準備奪取江北盧江郡。盧江郡南有長江之險，北有淮水阻隔，易守難攻。

占據盧江的軍閥劉勳勢力強大，野心勃勃。孫策知道，如果硬攻，取勝的機會很小。於是他和眾將商議，定出了一條調虎離山的妙計。孫策針對軍閥劉勳貪財的弱點，派人給劉勳送去一份厚禮，並在信中把劉勳吹捧一番。信中說劉勳功名遠播，今人仰慕，並表示要與他交好，孫策還壓低身段，以弱者的身分向劉勳求救，說：「上繚經常派兵侵擾我們，我們力弱，不能遠征，請求將軍發兵降服上繚，我們感激不盡。」

劉勳見孫策極力討好，萬分得意。上繚一帶，十分富庶，劉勳早想奪取，今見孫策軟弱無能，免去了後顧之憂，決定發兵上繚。此時部將劉曄雖極力勸阻，但劉勳哪裡聽得進去？他已經被孫策的厚禮及甜言蜜語迷惑了。

與此同時，孫策時刻監視劉勳的行動，他見劉勳親自率領幾萬兵馬去攻上繚，城內空虛，心中大喜，說：「老虎已被我調出山了，我們趕快去占據牠的老窩！」他立即率領人馬，水陸並進，襲擊盧江，並極為順利地控制了盧江。

反觀劉勳猛攻上繚，遲遲未能取勝。此時突然得報，得知孫策已取得盧江，才知中計，但後悔已經來不及了，只得灰溜溜地投奔曹操。

常言道：「龍游淺灘遭蝦戲，虎落平陽被犬欺。」叱吒風雲的巨龍，出了深潭大淵便無法施展本領，連蝦蟹都鬥不過；而威振山林的百獸之王，離了大山森林，便威風盡失，連犬羊之類的小傢伙也奈何不得。反過來，蝦蟹入龍潭鬥龍，犬羊入虎穴擒虎，縱使攻得進去，也只是白白送死。

在美國商業史上，安德魯・卡內基（Andrew Carnegie）是一位傳奇的鋼鐵大王，他與洛克菲勒、J・P・摩根並列為商業界的巨頭。然而，他的成功並非一帆風順，其中一個最具戲劇性的故事就是與焦炭業巨頭亨利・克雷・弗里克（Henry Clay Frick）之間的交鋒。

弗里克在匹茲堡擁有多座精煉焦炭工廠，為了追求更大的發展，他與卡內基合作。起初，這個合作對雙方都十分有利，他們各自獲得了豐厚的回報。然而，弗里克的野心並不止於此，他開始逐步擴大自己的業務版圖，並進入鋼鐵行業。這引起了卡內基的不滿，兩人之間的合作很快變得不和諧。

卡內基深知弗里克的狡詐和強勢，他明白如果不加以應對，將會被對手所威脅。因此，他採取了一個精心策劃的計策，即「調虎離山」。卡內基巧妙地利用弗里克焦炭工廠的工人罷工事件，煽動弗里克採取極端手段處理這一事件。弗里克被激怒，盲目行動，最終導致一場悲劇性的流血事件。在事件的壓力下，弗里克被迫離開了公司。

然而，這場商業爭鬥並沒有就此結束。被激怒的工會組織採取了報復行動，弗里克幾乎被暗殺，身受重傷。儘管他最終幸免於難，但他的企業版圖已經受到了嚴重損失，再也無法對卡內基構成威脅。

調虎離山，是集團消滅或兼併的常用手法。應用方式很多，最重要的一步是將最關鍵、最重要、最危險的敵手引出自己的地盤，使其失去反抗的屏障。

在現實生活中，當自己和對手共同爭奪一塊市場大餅時，如果用協商的方法不能解決，就可以考慮攻擊對手的其他市場，以分散對手和自己競爭的精力，使其首尾難以兼顧，迫使對手做出讓步，以成功達成自身目的。

【原文】

待天以困之，用人以誘之，往蹇來反。

【譯文】

等待天時對敵方不利之際去擾亂他，用人為的假象去引誘他。主動進攻有危險，誘敵來攻則有利。

16・欲擒故縱

逼則反兵，走則減勢，緊隨勿迫，累其氣力，消其鬥志，散而後擒，兵不血刃。需，有孚，光。

欲擒故縱中的「擒」和「縱」，是兩個衝突的要素。軍事上，「擒」是目的，「縱」是方法。古人有「窮寇莫追」的說法。實際上，不是不追，而是看怎麼追。把敵人逼急了，他們就會集中全力，拚命反撲。不如暫時放鬆一步，使敵人喪失警惕，鬥志鬆懈，然後再伺機而動，殲滅敵人。

兩晉末年，幽州都督王浚企圖謀反篡位。晉朝名將石勒聞訊後，打算消滅王浚的部隊。然而王浚勢力強大，石勒恐怕一時難以取勝，便決定採用「欲擒故縱」之計，讓王浚鬆懈防備。他派門客王子春帶了大量珍珠寶物，敬獻王浚，並寫信向王浚表示會擁戴他為天子。信中說：「現在社稷衰敗，中原無主，只有你威震天下，有資格稱帝。」加上王子春在一旁添油加醋，說得王浚心裡喜滋滋的，信以為真。這時，王浚有個部下名叫司馬游統，伺機謀叛王浚，因此想投靠石勒，把石勒當靠山，怎知石勒卻殺了游統，將游統的首級送給王浚。這樣的做法，讓王浚對石勒更是徹底放下防備。

西元三一四年，石勒探聽到幽州遭受水災，老百姓沒有糧食，但王浚不顧百姓生死，還苛捐雜稅，有增無減，民怨沸騰，軍心浮動。石勒認為時機成熟，便親自率領部隊攻打幽州。同年四月，石勒的部隊到了幽州城，王浚還蒙在鼓裡，以為石勒是來擁戴他稱帝，完全沒有應戰準備。等到他突然被石勒將士捉拿時，才如夢初醒。王浚正是中了石勒「欲擒故縱」之計，最終身首異處，美夢成了泡影。

與敵人較量的過程中，要讓敵人稍有鬆懈、喘息的空間，正所謂「窮寇勿追」，對於已經陷入絕境的敵軍，勿窮追不捨。「不追」不是不跟隨盯住，而是不逼迫太甚；等到敵人士氣垮盡、反擊能力也喪失時，再適時出手擒敵。

諸葛亮七擒孟獲，是軍事史上又一個「欲擒故縱」的絕妙戰例。

蜀漢建立之後，定下北伐大計。當時西南夷酋長孟獲率十萬大軍侵犯蜀國。諸葛亮為了解決北伐的後顧之憂，決定親自率兵先平孟獲。蜀軍主力到達瀘水（今金沙江）附近，誘敵出戰，事先在山谷中埋下伏兵，最終孟獲軍隊被誘入伏擊圈內，兵敗被擒。

按說，擒拿敵軍主帥的目的已經達成，敵軍一時戰力也無法復強，乘勝追擊，自可大破敵軍。但諸葛亮考慮到孟獲在西南夷中威望很高，影響很大，如能讓他心悅誠服，主動請降，就能促使南方真正穩定。不然的話，南方夷各個部落仍會不停侵擾，難以安定。諸葛亮決定對孟獲採取「攻心」戰，斷然釋放孟獲。

當孟獲表示「下次定能擊敗諸葛亮」，諸葛亮笑而不答。孟獲回營，拖走所有船隻，據守瀘水南岸，阻止蜀軍渡河。諸葛亮乘敵不備，從敵人不設防的下游偷渡過河，並襲擊了孟獲的糧倉。

孟獲暴怒，要嚴懲將士，激起將士的反抗，於是將士們相約投降，趁孟獲不備之時，將他綁赴蜀營。諸葛亮見孟獲仍然不服，遂再次釋放。

後來孟獲又施了許多計策，都被諸葛亮識破，四次被擒，四次獲釋。後來，諸葛亮火燒孟獲的藤甲兵，第七次生擒孟獲，終於感動了孟獲。他真誠地感謝諸葛亮七次不殺之恩，誓不再反。從此，蜀國西南安定，諸葛亮才得以舉兵北伐。

擒是收，縱是放。收放之間頗費思量，有時不是一放一收即可成事。諸葛亮對孟獲用兵，七次生擒，七次釋放，孟獲才心悅誠服。

談到戰爭，只有消滅敵人，奪取地盤，才是目的。但如果逼得「窮寇」狗急跳牆，垂死掙扎，導致己方損兵失地，是不可取的。其實視情況放敵方一馬，並不等於是縱虎歸山，其目的在於讓瓦解敵人鬥志，長期消耗其體力、物力，最後便能輕取敵軍，達到消滅敵人的目的。

在大海上釣到一尾兩百公斤的魚時，你必須不斷地一收一放，與牠糾纏幾小時，直到牠力竭才能得手。如果對手頑強難纏，就別奢望一舉擒之，要善用收放之道。海明威《老人與海》中的漁夫，雖釣到一條大魚，但因為擒牠不得，只好放縱對方，把釣繩綁在船頭，讓牠拖著船走，夜以繼日，漁夫好整以遐，直到牠無力抗拒，才能在最終手到擒來。

【原文】

逼則反兵，走則減勢，緊隨勿迫，累其氣力，消其鬥志，散而後擒，兵不血刃。需，有孚，光。

【譯文】

如果把敵人逼得無路可退，他就會拚命反撲；乾脆讓敵人逃跑，反而能削弱敵人的氣勢。對逃跑之敵要緊追其後，但不要逼得太緊，藉以消耗他的體力，消磨他的鬥志，等到敵人士氣低落、軍心渙散時再擒獲他，如此便能不經血戰就取得勝利。這就是按需卦的演推方式等待，讓敵人相信還有一線光明。

17・拋磚引玉

類以誘之，擊蒙也。

戰爭中，迷惑敵人的方法很多，最妙的不是用似是而非的方法，而是應用極其相似的方式，以假亂真。而用老弱殘兵或者遺棄糧食柴草之法誘敵，屬「類同」法，這樣做，容易迷惑敵人而收到效果，因為類同法更容易造成敵人的錯覺，使其判斷失誤。當然，使用此計，必須充分了解敵方將領之性格，這樣，才能讓此計發揮效力。

拋磚引玉，出自《傳燈錄》。相傳唐代詩人常建，聽說趙嘏要去遊覽蘇州的靈岩寺。為了請趙嘏作詩，常建先在廟壁上題寫了兩句，趙嘏見到後，立刻提筆續寫了兩句，而且比前兩句寫得好。後來文人稱常建的這種作法為「拋磚引玉」。

西元前七〇〇年，楚國發兵攻打絞國（今湖北鄖縣西北），大軍行動迅速。楚軍兵臨城下，氣勢旺盛，絞國自知出城迎戰，凶多吉少，決定堅守城池。絞城地勢險要，易守難攻。楚軍多次進攻，均被擊退。兩軍僵持一個多月。楚國大夫莫傲屈瑕仔細分析了敵我雙方的情況，認為絞城只可智取，不可力克。他向楚王獻一條「以魚餌釣大魚」的計謀，並說：「攻城不下，不如利而誘之。」楚王向他問誘敵之法。屈瑕建議：趁絞城被圍月餘，城中缺少薪柴之時，派些士兵裝扮成樵夫上山打柴運回來，敵軍一定會出城劫奪柴草。頭幾天，讓他們先得一些小利，等他們麻痹大意，大批士兵出城劫奪柴草之時，先設伏兵斷其後路，然後聚而殲之，乘勢奪城。

楚王擔心絞國不會輕易上當，屈瑕說：「大王放心，絞國雖小而輕躁，輕躁則少謀略。有這樣香甜的釣餌，不愁它不上鉤。」楚王於是依計而行，命一些士兵裝扮成樵夫上山打柴。絞侯聽探子報告有挑夫進山的情況，忙問這些樵夫有無楚軍保護。探子說，他們三三兩兩進出，並無兵士跟隨。絞候馬上布置人馬，待「樵夫」背著柴禾出山之機，突然襲擊，果然順利得手，抓了三十多個「樵夫」，奪得不少柴草。一連幾天，果然收穫不小。見有利可圖，絞國士兵出城劫奪柴草的越來越多。楚王見敵人已經吞下釣餌，便決定迅速逮大魚。第六天，絞國士兵像前幾天一樣出城劫掠，「樵夫」們見絞軍又來劫掠，嚇得沒命的逃奔，絞國士兵緊緊追趕，不知不覺被引入楚軍的埋伏圈內。只見伏兵四起，殺聲震天，絞國士兵哪裡抵擋得住，慌忙敗退，又遇伏兵斷了歸路，死傷無數。楚王此時趁機攻城，絞侯自知中計，已無力抵抗，只得投降。

楚人拋出一些老弱殘兵之流，讓絞兵得了好處，然後大敗絞兵，逼絞簽訂盟約，可以說是拋磚引玉之計在軍事上的成功運用。

從軍事上來說，「拋磚」是手段，「引玉」是目的。「磚」和「玉」，是一種形象的比喻。「磚」，指的是小利，是誘餌；「玉」，指的是作戰的目的，即大的勝利。「引玉」，才是目的，「拋磚」，是為了達到目的的手段。釣魚需用釣餌，先讓魚兒嘗到一點甜頭，它才會上鉤；敵人占了一點便宜，才會誤入圈套，吃大虧。但是，釣魚要先用誘餌，「引玉」必須先「拋磚」。而「拋磚」能否引出「玉」的關鍵在於針對敵人的心理狀態，使其在貪利的心理作用下，上當受騙。如果運用此計不當，不僅「拋磚」得不到「玉」，還會「偷雞不成反失把米」。

拋磚引玉之計使用範圍較廣，不受時間、空間限制，小施小效，大施大效。用之於民間，可以用一套新時裝騙一個少女下舞廳；用之於官場，一張支票可以弄到一個勳爵；銀行家用之提高存息，吸引巨大游資；政治家以一句美妙動聽的謊言，騙得群眾擁護；軍事家以二千兩黃金就能收買到敵軍的一個要塞司令倒戈。這些都是「拋磚引玉」的妙用。

在二〇一〇年男性刮鬍市占率高達七〇%的刮鬍刀之王——吉列公司，以創新的「剃刀和刀片分開出售的策略」，顛覆了傳統一起購買的模式，並憑借獨特的營銷手段取得了成功。

一八九五年，金·坎普·吉列（King Camp Gillette）發現傳統刮鬍刀的刀片容易鈍化，但刀架卻仍然完好。於是，他率先提出將刀片和刀架分離的概念，並投入多年的研發，最終推出了創新的刀片和刀架分離式刮鬍刀。

起初，吉列的新產品並未受到廣泛認可，第一年的銷量非常有限。為了打開市場，吉列採取了「刀架免費送」的營銷策略，將刀片與其他產品捆綁銷售，只要購買指定產品即可免費獲得刀架。這一策略為吉列帶來了驚人的銷量增長，迅速壟斷了剃鬚刀市場。

吉列每年從剃刀和刀片銷售中獲得約四十億美元的收入，其市場份額是競爭對手的六倍。利用產品附贈方式獲利的商業模式不僅在吉列得到成功，也成為其他品牌效仿的對象，開啟了無數商業創新的大門。

在經濟活動中，以小的代價擴大知名度，進而占領市場，這樣的「拋磚引玉」策略，也可以創造出可觀的經濟效益。

【原文】

類以誘之，擊蒙也。

【譯文】

用類似的事物去誘惑敵人，使其懵懵懂懂地上當受騙。

18．擒賊擒王

摧其堅，奪其魁，以解其體。龍戰於野，其道窮也。

擒賊擒王，語出唐代詩人杜甫《前出塞》：「挽弓當挽強，用箭當用長，射人先射馬，擒賊先擒王。」民間有「打蛇要打七寸」的說法，也是這個意思，蛇無頭不行，打了蛇頭，這條蛇也就完了。此計用於軍事，是指打垮敵軍主力，擒拿敵軍首領，使敵軍徹底瓦解的謀略。擒賊擒王，指的是捕殺敵軍首領或摧毀敵人的核心，待敵方陷於混亂，便能徹底擊潰之。在指揮作戰時不能滿足於小的勝利，要通觀全域、擴大戰果、以得全勝。如果錯過時機，放走敵軍主力和敵方首領，就好比放虎歸山，後患無窮。

明英宗寵信的太監王振是個奸邪之徒，恃寵專權，朝廷內外，沒有人不害怕他的。當時北方的瓦刺逐漸強大起來，有覬覦中原的野心。王振否決了大臣們在瓦刺通往南方的要道上設防的建議，千方百計討好瓦刺首領也先。

一四四九年，也先親自率領大軍攻打大同，進犯明朝。明英宗決定御駕親征，命王振為統帥。然而糧草尚未準備充分，五十萬大軍就倉促北上。一路上，又連降大雨，道路泥濘，行軍緩慢。也先得知狀況，滿心歡喜，認為這正是捉拿英宗平定中原的大好時機。等明朝大軍抵達大同的時候，也先命令大隊人馬向後撤退。王振因此以為瓦剌軍是害怕明朝的大部隊，於是下令追擊瓦剌軍。也先早已料到這一步，同步派遣騎兵精銳分兩路從兩側包圍明軍。最後明軍先鋒宋瑛、朱冕，遭到瓦剌軍伏擊，全軍覆沒。明英宗無可奈何，只得下令班師回京。

明軍撤退到土木堡時，已是黃昏時分。大臣們建議，部隊再前行二十里，到懷來城憑險拒守，以待援軍。但王振以千輛輜重未到為理由，堅持在土木堡等待，也先深怕明軍進駐懷來，據城固守，所以下令急追不捨。在明軍抵達土木堡的第二天，就趁勢包圍土木堡。

土木堡是一高地，缺乏水源。瓦刺軍控制當地唯一水源——土木堡兩側的一條小河。明軍人馬在斷水兩日後，軍心漸漸不穩。

此時也先再度施計。他派人送信給王振，建議兩軍議和。王振誤以為這正是突圍的好時機，他急令部隊往懷來城方向突圍，這一下正中也先誘敵之計。

明軍離開土木堡不到四里地，便遇上從四面包圍的瓦剌大軍。明英宗在亂軍中，由幾名親兵保護，幾番突圍不成，終於被也先生擒獲。王振在倉皇逃命時，被護衛將軍樊忠一錘打死。明軍沒有了指揮中心，潰不成軍，五十萬大軍全軍覆沒。

有句話說「棒打出頭鳥」，世間大多數人都怕當出頭鳥，習慣隨波逐流。一個組織的形成和發展往往取決於少數關鍵人物。當關鍵人物不存在，便邁向「樹倒猢猻散」的局面。所以，要消滅和瓦解一個組織時，首要攻擊的重心，就是首領和核心人物，一旦把他們擊倒，組織群龍無首，就會兵荒馬亂，任人宰割也是遲早的事了。

「擒王」是控制和消滅一個組織的首要任務，但具體的實施辦法非常多元，還可以搭配其他計謀共同運作。

「硬擒硬殺」雖說也是個辦法，但往往要付出極高的代價且不易成功。「荊軻」刺秦王就是一個例子，結果不只目的未能達成，自己還成了肉泥。因此這是個風險度高的計策，運用時需謹慎小心。

【原文】

摧其堅，奪其魁，以解其體。龍戰於野，其道窮也。

【譯文】

摧毀敵人的主力，抓獲敵人的首領，就可使敵人全軍解體。無首的群龍在曠野拚鬥，已經到了窮途末路。

19・釜底抽薪

不敵其力，而消其勢，兌下乾上之象。

釜底抽薪，語出北齊魏收的〈為侯景叛移梁朝文〉：「抽薪止沸，剪草除根。」西漢劉向《淮南子・精神訓》提到：「故以湯止沸，沸乃不止，誠知其本，則去火而已矣。」這個比喻淺顯，道理卻說得十分清楚。水燒開了，根本的辦法是把火滅掉，水溫自然就降下來了。此計用於軍事，是指當我們面對強敵，沒有必勝的把握時，應該利用此法，逐漸削弱敵人的氣勢，再尋找其弱點攻克之。

《易經》中的「履卦」（兌下乾上）就是在闡述「以柔克剛」，令強敵屈服的道理。戰國時期的大兵法家尉繚子說：「當我軍士氣高昂的時候，大可勇敢地投入戰鬥；士氣不振時，不妨暫時退避轉進。」然而，削弱敵人士氣的最佳方法，不外乎「攻心為上」，從敵人的心理，徹底瓦解其鬥志。

要想實施釜底抽薪之計必須掌握衝突點，很多時候，一些影響戰爭局勢的關鍵點，恰恰是敵人的弱點。將領必須準確判斷，抓住時機，直攻敵之弱點。比如糧草輜重，如能趁機奪得，敵軍就會不戰自亂。三國時的官渡之戰即是一場足以說明此理的著名戰役。

東漢末年，軍閥混戰，河北袁紹乘勢崛起。西元一九九年，袁紹率領十萬大軍攻打許昌。當時，曹操據守官渡（今河南中牟北），兵力只有二萬多人。兩軍隔著河流對峙。袁紹仗著人馬眾多，派兵攻打白馬。曹操表面上擺出放棄白馬的態勢，命令主力開向延津渡口，擺開渡河架勢。袁紹怕後方受敵，迅速率主力西進，阻擋曹軍渡河。誰知曹操虛晃一招之後，突派精銳回襲白馬，斬殺顏良。又戰，將文醜也斬於馬下。

這兩場仗打下來，袁軍將士被打得灰頭土臉，但是袁紹不肯甘休，仍奮力追擊曹操。監軍沮授說：「我們有眾多人馬，但並不如曹軍勇猛；曹軍雖然勇猛，但是糧食沒有我們多，所以我們還是堅守在此，等曹軍糧草用完了，他們自然就不戰自敗了。」

袁紹根本不聽沮授勸告，命令將士繼續前進，一直趕到官渡，才紮下營寨。這時曹操的人馬也早已回到官渡，布置好陣勢，堅守營壘。

袁紹看到曹軍守在營壘，便吩咐士兵在曹營外面堆起土山、築起高臺，讓士兵們在高臺上居高臨下向曹營射箭；曹軍只得用盾牌遮住身子，在軍營裡走動。

就這樣，雙方在官渡僵持了一個多月。日子一久，曹軍糧食越來越少。而袁紹的軍糧卻是從鄴城源源不斷地運過來。

袁紹派大將淳于瓊帶領一萬人馬送運軍糧，並把大批軍糧囤積在距離官渡四十里的烏巢。

袁紹的謀士許攸探聽到曹操缺糧的情報，向袁紹獻計，勸袁紹派出一小支兵馬，繞過官渡，偷襲許都。

袁紹很冷淡地說：「不行，我要先打敗曹操。」

許攸還想繼續勸袁紹時，正好從鄴城送來一封信，告知「許攸的家人犯了法，已經被當地官員逮了起來。」

袁紹看了信，把許攸狠狠地罵了一頓。許攸又氣又恨，想起曹操是他的老朋友，遂連夜逃出袁營，投奔曹操。曹操在大營裡剛脫下靴子想上床睡覺，聽到許攸來降，他高興得鞋也不穿，光著腳就跑出來迎接許攸。

曹操拍手歡迎許攸，說道：「哎呀，您肯來。我的大業就有希望了。」

許攸坐下來說：「袁紹來勢很猛，您打算怎麼對付他？現在您的糧食還有多少？」

曹操說：「還可以支持一年。」

許攸冷冷一笑，說：「沒有那麼多吧！」

曹操改口說：「對，其實只能支持半年了。」

許攸裝出生氣的樣子，說：「您難道不想打敗袁紹嗎？為什麼在老朋友面前還說假話！」

曹操只好實話實說，告知軍營裡的糧食，只能維持一個月。

許攸說：「我知道您的情況很危險，特地來給您報個信。現在袁紹有一萬多車糧食、軍械，全都放在烏巢。淳于瓊的防備鬆散，您只要帶一支輕騎兵去襲擊，把他的糧草全部燒光，不出三天，他們就不戰自敗了。」

曹操得到了這個重要情報，立刻把曹洪等人找來，吩咐他們守好官渡大營，自己帶領五千騎兵，連夜向烏巢出發。他們打著袁軍的旗號，沿路遇到袁軍的崗哨查問，都說「是袁紹派來增援烏巢的」。袁軍的崗哨沒有懷疑，便放他們進去。

後來曹軍抵達烏巢，團團圍住烏巢糧屯，放起大火，把一萬車糧草燒得一乾二淨。烏巢的守將淳于瓊在匆匆應戰的過程中，也被曹軍擊斃了。

正在官渡的袁軍將士聽說烏巢起火，個個驚慌失措。袁紹手下的大將張郃、高覽帶兵投降。曹軍乘勢猛攻，最後袁軍四下逃散。

古今戰爭中，糧草為部隊生存之根本，是部隊戰鬥力的來源。曹操與袁紹征戰，如果是正面交鋒，曹操可能永遠也無法擊敗袁紹。但曹操很聰明，燒了袁軍的屯糧，斷了袁軍之根本後，大敗了袁軍。這是極為高明的釜底抽薪。

在莫斯科冬季的寒冷中，前往度週末是一種令人嚮往的體驗，然而，對於許多人來說，這個冬季目的地似乎過於嚴寒。然而，英國的托馬斯庫克（Thomas Cook）卻選擇挑戰這種看似不可能的局面。他們帶領一批媒體人士前往莫斯科，度過了一個令人印象深刻的冬季週末，這一舉動贏得了各大報刊的連篇累牘的報道，也為公司的假日旅遊項目的順利開展奠定了堅實基礎。

托馬斯庫克公司在旅遊業務上並不是一個龐大的企業，只有三個人負責著假日旅遊項目，其中以道格拉斯・古德曼為首。然而，他們卻以持續的創新和公關策略的運用，將公司推向了行業的前沿。特別是在一九八三年，他們推出的旅遊項目成為了該公司十多年來最成功的傑作之一。

在經營旅遊業務時，推出新的度假旅遊活動是至關重要的，而對於市場開發部門來說，制定明年的詳細計畫早已成為了每年的例行工作。為了讓更多的人了解這些項目，公司於一九八二年九月一日發行了一百萬份關於夏日陽光、湖光山色、親密友好、馬車、別墅和公寓等五種不同度假旅遊活動的介紹手冊。

旅遊業務的競爭十分激烈，尤其是在價格和推廣方面。托馬斯庫克公司習慣於搶先推出《旅遊便覽》[2]，以贏得市場先機。一九八二年九月一日，托馬斯庫克公司開始發售一九八三年《旅遊便覽》夏季號，得到了廣泛的關注和媒體報道。在其他競爭對手推出他們的活動之前，托馬斯庫克公司已經搶占了市場先機，這為公司帶來了良好的業績。

2 隨身攜帶、便於翻閱的記事小冊子。

然而，面對競爭，托馬斯庫克公司也不乏挑戰。其他旅遊公司可能會在最後確定價格之前觀望托馬斯庫克公司的定價，並在推出自己的旅遊項目時，以更低的價格搶占市場。為了應對這種情況，托馬斯庫克公司採取了積極的措施，重新印制了《旅遊便覽》，提供更低的價格，以重新奪回市場的主動權。

托馬斯庫克公司的舉措取得了巨大成功，廣泛的媒體報道和良好的口碑為公司帶來了巨大的業績增長。

在現實生活中，不論是實力強大的一方，或是實力微弱的一方，釜底抽薪之計都是很適合的計策，能夠削弱對手勢力而使之不攻自破。

【原文】

不敵其力，而消其勢，兌下乾上之象。

【譯文】

兩軍對峙時，不宜直接對抗敵人的剛強，而是從根本去削弱敵人的氣勢，從履卦的原理出發，推演出以柔克剛的力量。

20・混水摸魚

乘其陰亂，利其弱而無主，隨，以向晦入宴息。

混水摸魚，原意是趁著魚在混濁的水中，暈頭轉向之際，乘機摸魚，可以得到意外的好處。將此計用於軍事上，指的是當敵人混亂無主時，乘機奪取勝利的謀略。

局面混亂不定時，處於多種力量相互衝突抗衡的局面，那些弱小的力量此時定是在考慮，究竟該投奔哪一邊，一時之間難以決定，而真正的敵人又被蒙蔽，難以察覺。這個時候，己方就要乘機把水攪到混濁，順手得利。古代兵書《六韜》中列舉了敵軍的衰弱徵兆：全軍多次受驚，兵士軍心不穩、發牢騷、說洩氣話、傳遞小道消息、謠言不斷、不怕法令、不尊重將領……這時，就代表「水」已混濁了，應該乘機撈魚，取得勝利。此計的關鍵是將領一定要正確分析形勢，清楚拿捏分寸，盡情地把水攪和到混濁，這時大權便能牢牢掌握在自己手中了。

唐朝開元年間，契丹叛亂，多次侵犯唐朝。朝廷派張守珪為幽州節度使，平定契丹之亂。契丹大將可突于幾次攻打幽州，皆未能得手，於是他打算探聽唐軍虛實，派使者到幽州，假意表示願意重新歸順朝廷，永不進犯。

張守珪知道契丹勢力正旺，主動求和，必定有詐。他將計就計，客氣地接待了來使。第二天，他派王悔代表朝廷到可突于營中宣撫，並命王悔查明契丹內部的底細。

王悔在契丹營中受到熱情接待，他在招待酒宴上仔細觀察契丹眾將的一舉一動。他發現，契丹將領們面對朝廷的態度上並不一致。他又從一個小卒口中探聽到分掌兵權的李過折一向與可突于有衝突，兩人隔閡很深。

王悔便前往拜訪李過折，他佯裝不知李過折與可突于之間的衝突，當著李過折的面，假意大肆誇獎可突于的才幹。

李過折被王悔的話語挑起不愉快，他怒火中燒，說：「可突于主張反唐，使契丹陷於戰亂，人民十分怨恨。」並告訴王悔，契丹這次求和完全是假意，可突于其實已向突厥借兵，不日就要攻打幽州。

王悔乘機遊說李過折，李過折聞言心動，表示願意歸順朝廷。

王悔完成任務後，立刻告別契丹可突于返回幽州。翌日晚上，李過折率領本部人馬，突然襲擊了可突于的中軍大帳。此時可突于還在夢中，在毫無防備的狀態下被李過折砍下了腦袋，當下契丹營軍心大亂。

忠於可突于的大將泥禮（耶律涅里）召集人馬，與李過折展開激戰，殺了李過折。張守珪探得消息，立即親率人馬趕來接應李過折的部從。唐軍火速衝入契丹軍營，契丹軍內正在火拼，混亂不堪。張守珪乘勢發動猛攻，生擒泥禮，大破契丹軍。從此，契丹叛亂被平息。

尼桑・羅斯柴爾德，這位年輕而富有遠見的猶太巨富的第三子，在一場戰役的勝利與失敗之間，巧妙地操控信息，創造了驚人的財富。這並非偶然，而是他對信息價值的敏銳洞察和果斷行動的結合。

一八一五年六月二十日，倫敦證券交易所的氛圍異常緊張，滑鐵盧之戰的勝負將決定英國公債的命運。但尼桑並非被外界的緊張情緒所左右，而是靜靜地觀察著市場的脈動。他憑借著對信息的重視，意識到在信息獲取方面的優勢將帶來巨大的利潤。

平時尼桑的臉色，就是周圍許多人買賣股票的情雨表，在這個特殊的日子裡，尼桑的舉動更是備受重視。「尼桑賣了！」這一條消息馬上就傳遍了交易所，所有的人毫不猶豫地馬上跟進，使得英國公債暴跌。

然而，在公債價格跌至谷底時，尼桑開始悄然大量收購。

正當市場陷入混亂之際，官方傳來了英軍大勝的捷報，使得公債價格瞬間飆升。此時，人們才明白過來，可為時已晚！尼桑的行動讓他在幾小時裡就賺了六百萬英鎊。

尼桑的成功不僅僅運用了「混水摸魚」之計，還得歸功於他對信息的敏銳洞察和膽識的結合。在信息戰的戰場上，他以智慧和勇氣，贏得了一場驚心動魄的勝利，成為商界的傳奇人物。

在混濁的水中，魚兒辨不清方向；在複雜的戰爭中，弱小的一方經常會搖擺不定，此處便有可乘之機。更多的時候，這個可乘之機不能只靠等待，而應主動促成。必須抓準時機，主動出手顛覆局勢，當一切情況複雜起來，就是借機行事的好時機，此時便可將這些弱勢者爭取過來。

商界中，有所謂「炒蛋策略」，意指在談判過程中混水摸魚的戰略。炒蛋戰術的作法是，先天南地北的亂扯一通，把對手攪得思路混亂、精疲力竭；將一場條理簡單的洽談變成十分複雜的難題。然後趁對手精神不濟、手足無措之際迫使拍板，以達到自己的目的。

攪和的人之所以能夠取勝，關鍵在於困惑了對方的心神，使對方一時之間對事情失去了準則。

對付攪和者的辦法是，要有勇氣直指：「我不明白你所表達的用意」。堅持事情必須逐項討論。當攪和者誘你進行討論時，你要迫使對方回到你的思路上來，且要讓他傾聽你的想法。

防禦的要訣就是在你尚未充分了解之前，不要與對方討論任何問題。即使在正常的談判中，明確地表達「我不明白」也是有力的談判策略之一。

【原文】

乘其陰亂，利其弱而無主，隨，以向晦入宴息。

【譯文】

乘混亂之際，利用勢力弱小和事無主導的局面，使敵方歸順於我，這就像人隨從天時變化而作息一樣自然。

21・金蟬脫殼

存其形，完其勢，友不疑，敵不動。巽而止，蠱。

金蟬脫殼，本意是指蟬在度過漫長的冬伏期後，從地底下爬出來，通體土黃透亮的模樣，雅稱「金蟬」。金蟬爬上樹幹或樹枝後，便靜靜地開始蛻變。待金殼背部裂開一條縫，新生蟬便從縫裡爬出，蟬翼豐滿後飛走。而此時金殼依然在枝頭搖曳，沒有靠近觀看，仍不知道新蟬已經飛走，就是金蟬脫殼的狀態。

將此計用於軍事，一般是指在危急關頭，設法從某種狀態脫身，脫身時，留下種種偽裝，製造未曾離開的假象，因為仍保留著偽裝和假象，旁人便以為其仍停留在原處。

三國時期，諸葛亮六出祁山，北伐中原，但一直未能成功，終於在第六次北伐時，積勞成疾，於五丈原病死軍中。為了避免蜀軍在退回漢中的路上遭受損失，諸葛亮在臨終前向姜維祕授退兵之計。

姜維遵照諸葛亮的吩咐，在諸葛亮死後，祕不發喪，且對外嚴密封鎖消息。他帶著靈柩，祕密率部撤退。司馬懿派部隊跟蹤追擊蜀軍。姜維命工匠仿諸葛亮模樣，雕了一個木人，手持羽扇綸巾，穩坐車中。並派楊儀率領部分人馬大張旗鼓，向魏軍發動進攻。

魏軍遠望蜀軍，軍容整齊，旗鼓大張，又見諸葛亮穩坐車中，指揮若定，不知蜀軍又耍什麼花招，不敢輕舉妄動。司馬懿一向知道諸葛亮「詭計多端」，又懷疑此次退兵乃是誘敵之計，於是命令部隊向後撤退，觀察蜀軍動向。姜維趁司馬懿退兵的大好時機，馬上指揮主力部隊，迅速安全轉移，撤回漢中。

後來，司馬懿得知諸葛亮已死，準備再次進兵追擊，卻是為時已晚。

金蟬脫殼是一個擺脫敵人、轉移或撤離的分身之術。這裡的「脫」不是驚慌失措，而是為了迷惑敵人，以達到保護自己的目的。

施計時，唯一的目的只求自身安全，不管是自己保護自己，或犧牲別人掩護自己，皆可不必計較，重要的是當機立斷，把一切仁慈惻隱之心押後再說。曹操說過「寧我負人，莫人負我」，這就是所謂的「暴者不仁，慈者難將」，在互施冷箭時，誰都想取得對方頭顱。兵書上說——「最後之勝利，決定於最後五分鐘的殘忍」。為將之道，過去如此，現在也是如此。

用於逃跑手段的「金蟬脫殼」之計，在歷史與文學作品中，俯拾即是。孫堅、祖茂等人從敵軍的控制追擊下逃脫，用的就是這一計；「空城計」中，公子元從鄭國撤退時，為了防止追擊，令營帳不拆，旗幡不動，神不知鬼不覺地在夜間溜出鄭國，也是一齣相當出色的金蟬脫殼示範。要從危險境地逃脫，又不被糾纏，不被追擊，金蟬脫殼的確是妙計。在脫逃時必須確實留意不被發現，等敵方察覺時，敵對勢力已經鞭長莫及了。

可以說，金蟬脫殼實際上是一種分身計、一種逃遁計。在現實生活中，可將金蟬脫殼的內涵加以延伸，取其出奇制勝之點為借鑑。

【原文】

存其形，完其勢，友不疑，敵不動。巽而止，蠱。

【譯文】

保存陣地原形，保留完整的防守氣勢，使友軍不生懷疑，敵人也不敢貿然妄動。在敵人沒有驚疑的狀態下，我軍卻暗中轉移主力，順勢脫離險境。

22・關門捉賊

小敵困之。剝，不利有攸往。

關門捉賊，是一種圍困並殲滅敵人之計，特別適用於小規模敵軍部隊的計謀。在軍事紀錄中，很多人成功地運用過關門捉賊計，而且開、關都非常適時，運用得十分自如。

軍隊戰鬥力的大小，不盡然取決於人數多寡，而取決於兵士力量的發揮程度。小規模的軍隊，若能得到山野天然屏障的掩護，聲東擊西、神出鬼沒、且戰且隱，便能夠擊敗十倍、百倍，甚至千倍於自己的敵人。這正是：「一人投命，足懼千夫。」

關門捉賊計的核心，便是不與這種山野游擊兵交戰，不去追擊這種散兵。對待小規模的敵軍，就要圍困並殲滅他們。如果不能圍殲他們，便不予理睬，任其逃往山野，任其自生自滅，以免勞神費力。

大型部隊如果受到圍困，斷了糧草給養及後援部隊的通路，便無法發揮其戰鬥力，也就成了小敵。因此，關門捉賊計也是殲滅大部隊的好計謀。秦將白起長平圍殲趙軍四十萬大軍，用的就是關門捉賊的戰術。

戰國後期，秦國攻打趙國。秦軍在長平（今山西高平北）受阻。當時長平守將是趙國名將廉頗，他見秦軍勢力強大，不能硬拼，便命令部隊堅壁固守，不與秦軍交戰。兩軍僵持四個多月，秦軍仍拿不下長平。秦王採納了范睢的建議，用離間法讓趙王懷疑廉頗。趙王中計，調回廉頗，派趙括為將到長平與秦軍作戰。趙括到長平後，完全改變了廉頗堅守不戰的策略，主張與秦軍對面決戰。

秦將白起便故意讓趙括先嘗到一點甜頭，讓趙括的軍隊取得幾次小勝。後來趙括果然得意忘形，派人到秦營下戰書。這下正中白起的下懷，他分兵數路，指揮部署出對趙括軍的包圍陣勢。

第二天，趙括親率四十萬大軍，來與秦兵決戰。秦軍與趙軍幾次交戰，都打輸了。趙括志得意滿，哪裡知道白起用的是誘敵之計？他率領大軍追趕被打敗了的秦軍，一直追到秦壁。秦軍堅守不出，趙括一連數日也攻克不了，只得退兵。然而這時卻突然得到消息：自己的後營已被秦軍攻占，糧道也被秦軍截斷。秦軍已把趙軍全部包圍起來了。

一連四十六天，趙軍絕糧，士兵殺人相食，趙括只得拚命突圍。白起已嚴密部署，多次擊退企圖突圍的趙軍，最後，趙括中箭身亡，趙軍大亂，四十萬大軍全被秦軍殺戮。由此可見，趙括會的只是「紙上談兵」，在真正的戰場上，他一下子就中了敵軍「關門捉賊」之計，損失四十萬大軍，使趙國從此一蹶不振。

日本知名藥商樋口俊夫，以其獨特的經營理念和勇於創新的精神，創立了樋口藥局，成為日本藥品零售業的領軍企業。

起初，樋口俊夫面對的是一家生意清淡的小藥店，然而，他的深思熟慮和獨特眼光卻讓他發現了商機。靈感來源於圍棋中的一句話：「在不同一條直線上的三點可以確定一個平面。」他將這一原理應用到了經營中，構想出了三角經商法。

這一策略的核心思想是將不在同一地理位置的三家小店統一管理，形成一個三角形連鎖系統。藥品是一種有統一規格的特殊商品，一旦需要，必有一種緊迫感，會希望儘快就近購買。三角形內的消費者處於被包圍狀態，肯定會在這三角形的連鎖店系統中購買，透過密切聯絡，他們可以迅速支援彼此，客人總是能買到需要的產品，也能因此吸引更多的消費者。這一創新的經營模式迅速取得成功，不僅為消費者提供了更便捷的購物體驗，也降低了企業的運營成本，增強了競爭力。而且，他還發現，三家店之間的廣告宣傳可以相互疊加，進貨量的增加也降低了成本，使得價格競爭力更加強大。

透過「關門捉賊」的三角經商法，樋口俊夫打造了一個龐大的藥品連鎖帝國，為樋口藥妝品連鎖商店的迅速發展奠定了堅實的基礎。

關門捉賊，必須先布置好圍困圈，並敞開門，讓敵軍進來。如果敵軍不進門，則設法引誘他們進來。白起先開門，誘敵深入，而後再關門痛擊。確實是關門捉賊的最佳演繹示範。

【原文】

小敵困之。剝，不利有攸往。

【譯文】

對付威脅性小的敵人，要把他圍困起來，將其消滅。威脅性小的敵人，雖然勢單力薄，但機動靈活，狡詐難防，不宜急追遠趕。

23・遠交近攻

形禁勢格，利從近取，害以遠隔。上火下澤。

遠交近攻，最初是指外交和軍事的策略，實際上更常見的是將領，甚至國君採取的政治戰略。意思是和遠方的國家結盟，而與相鄰的國家為敵。這樣的策略既可以防止鄰國肘腋之變，又能使敵國兩面受敵，無法與我方抗衡。鄭莊公就是使用這一計，奠定了霸主地位，足見這一計謀的神通。

春秋初期，周天子的地位已經架空，群雄並起，逐鹿中原。鄭莊公在此混亂局勢下，巧妙地運用「遠交近攻」的策略，取得了稱霸的地位。當時，鄭國與近鄰的宋國、衛國積怨很深，且橫生衝突。在這樣的狀態下，鄭國隨時都有被兩國夾擊的危機。因此，鄭國在外交上主動地接連與邾、魯等國結盟，不久又與實力強大的齊國在石門簽訂盟約。

西元前七一七年，鄭國以幫邾國雪恥為名，攻打宋國。同時向魯國積極發展外交，主動派遣使臣到魯國，商議把鄭國在魯國境內的枋地交歸魯國。於是魯國果然與鄭國重修舊誼。齊國當時出面調停鄭國和宋國的關係，鄭莊公表示尊重齊國的意見，暫時與宋國修好，齊國因此也對鄭國加深了感情。

西元前七一四年，鄭莊公以「宋國不朝拜周天子」為由，代周天子發令攻打宋國。鄭、齊、魯三國大軍很快地攻占了宋國大片土地。宋、衛軍隊避開聯軍鋒芒，乘虛攻入鄭國。鄭莊公把占領宋國的土地全部送與齊、魯兩國，迅速回兵。鄭國乘勝追擊，擊敗宋國，衛國被迫求和。鄭莊公勢力擴張，霸主地位形成。

當然，從長遠看，所謂遠交，也絕不可能是長期和好。消滅近鄰之後，遠交之國也就成了近鄰。遠交的目的，是為了避免樹敵過多而採用的外交手腕。

戰國末期，七雄爭霸。秦國經商鞅變法之後，勢力發展最快。秦昭王開始圖謀吞併六國，獨霸中原。西元前二七〇年，秦昭王準備興兵伐齊。

范睢此時向秦昭王獻上「遠交近攻」之策，阻秦國攻齊。他說：「齊國勢力強大，離秦國又很遠，攻打齊國，部隊要經過韓、魏兩國。軍隊派少了，難以取勝；多派軍隊，打勝了也無法占有齊國土地。不如先攻打鄰國韓、魏，逐步推進。」

為了防止齊國與韓、魏結盟，秦昭王派使者主動與齊國結盟。其後四十餘年，秦始皇繼續堅持「遠交近攻」之策，遠交齊、楚，首先攻下郭、魏，然後又從兩翼進兵，攻破趙、燕，統一北方；接著攻破楚國，平定南方；最後把齊國也收拾了，終於實現了統一中國的願望。

遠交近攻在政治和社會上運用的案例也很多。誅殺開國功臣、貶放權臣、罷免任職長久的將相，錄用沒有根基的新人等等，都是常見的遠交近攻策略。開國功臣與開國帝王並肩戰鬥、出生入死、關係極其親密。但功臣大都威望很高，有一定的感召力和凝聚力，在帝王看來，他們功高容易震主，還可能策動變亂，除掉他們，方能使自己高枕無憂。權臣、任職長久的將相，對帝王來說，都是肘腋部位的危險人物，只有除掉才能防止生變。至於沒有根基的新人，則不可能構成對上司的威脅，所以是安全人物；其次，重用他們會感恩戴德，盡心盡力效忠帝王；而且還可以換取諸多好名聲；最終還能達到攏絡人心的效果。

社會生活中也充滿各種形式的遠交近攻現象。「人無千日好，花無百日紅」、「外來的和尚會念經」等俗語，都多少反映出遠交近攻的社會意識。

【原文】

形禁勢格，利從近取，害以遠隔。上火下澤。

【譯文】

在受到地理條件的限制時，攻取近敵是有利的，越過近敵去攻打遠敵往往有害。火焰是向上竄燒的，水是往下流的，正是我方與鄰近者乖離的常態。

24・假途伐虢

兩大之間，敵脅以從，我假以勢。困，有言不信。

假道伐虢，假道，是借路的意思。語出《左傳・僖公二年》：「晉荀息請以屈產之乘，與垂棘之璧，假道於虞以滅虢。」

當處於兩個大國中間的小國，受到一方武力脅迫時，另一方便趁此機會出兵，擺出援助的姿態，趁機將國家勢力滲透進去。當然，對處在夾縫中的小國，只用口頭承諾是無法取得其信任的，大國往往以「保護」為名，迅速進軍，控制住紛亂局勢，使其逐漸喪失自主權。此時再乘機襲擊，便可輕而易舉地奪得勝利。

春秋時期，晉國想吞併鄰近的兩個小國：虞和虢，這兩個國家之間關係甚篤。晉如襲虞，虢便會出兵救援；晉若攻虢，虞也會出兵相助；這點讓晉國國君覺得頗為棘手。

大臣荀息向晉獻公獻上一計，他說：「要想攻占這兩個國家，必須要離間他們，使他們互不支持。虞國的國君貪得無厭，我們正可以投其所好。」他建議晉獻公拿出心愛的兩件寶物——屈產良馬和垂棘之壁，餽贈虞公。

晉獻公說：「這名馬和美玉可是我們晉國的珍寶啊！」

荀息答道：「如果能夠從虞國借到進兵虢國之道，這些珍寶就好比暫時藏在外面的府庫一樣（寶物早晚都是自己的）。」

晉獻公說：「虞國有個忠臣宮之奇，他一定會阻攔這件事。」

荀息說：「宮之奇性格怯弱，不可能強力規勸。況且他從小在虞君身邊長大，虞君跟他很是親近，即使宮之奇勸阻，他也不會聽的。」

晉獻公於是派荀息到虞國去借道。

荀息到了虞國後，對虞公說：「冀國大逆不道，首先侵占虞國的顛軨，再掠冥地。虞國能夠奮起反抗，擊敗冀國，這完全依靠您的英明聖德啊！現在虢國野心勃勃，不斷潛派部隊擾亂我南方邊境，所以懇請虞國借予我方進兵的道路，以討伐虢國。」

虞公答應，甚至還提出願發兵充當先頭部隊去攻打虢國。宮之奇勸阻，虞公不聽，起兵攻虢。這年夏天，晉國大將里克、荀息帶領軍隊與虞國的軍隊一同討伐虢國，旋即占領了虢國的下陽。

三年後，晉消滅了虢國。虢公醜逃奔洛陽。晉軍回師，駐軍於虞國，乘其不備，發動突襲，輕而易舉地把虞國消滅了。

古代戰爭中用「假道伐虢」之計取勝的戰例很多。當然，所謂假道的方式，必須根據大局狀態靈活掌握。

東周初期，各個諸侯國無不設法乘機擴張勢力。楚文王時期，楚國勢力日益強大，漢江以東小國，紛紛向楚國稱臣納貢。當時有個小國蔡國，仗著和楚國聯姻，有了靠山，常不買楚國的帳。楚文王懷恨在心，一直在尋找滅蔡的時機。

蔡國和另一小國息國關係很好，蔡侯、息侯都娶了陳國女性，經常往來。然而，有一次息侯的夫人路過蔡國，蔡侯未以上賓之禮款待，氣得息侯夫人回國之後，大罵蔡侯，從此息侯對蔡侯也積了一肚子怨氣。

楚文王聽到這個消息，非常高興，認為滅蔡的時機已到。他派人與息侯聯繫，息侯想借刀殺人，向楚文王獻上一計：讓楚國假意伐息，他向蔡侯求救，蔡侯肯定會發兵救息。等到蔡國軍隊前來的時候，楚、息合兵，如此一來，蔡國必敗。

楚文王一聽，何樂而不為？他立即調兵，假意攻息。蔡侯得到息國求援的請求，馬上發兵救息。可是兵到息國城下，息侯竟緊閉城門，蔡侯急欲退兵，這時楚軍已借道息國，把蔡國圍困起來，最終俘虜了蔡侯。

蔡侯被俘之後，非常痛恨息侯。於是他對楚文王說：「息侯的夫人息嬀乃是絕代佳人。」楚王乃好色之人，聽了蔡侯這番話，引發了相當大的興趣。楚文王擊敗蔡國之後，以巡視為名，率兵來到息國都城。息侯親自迎接，設盛宴為楚王慶功。

楚文王在宴會上，趁著酒興說：「我幫你擊敗了蔡國，你怎麼不讓夫人敬我一杯酒呀？」息侯只得讓夫人息嬀出來向楚文王敬酒。楚文王一見息嬀，果然天姿國色，馬上魂不附體，決心要據為己有。第二天，他舉行答謝宴會，早已布置好伏兵，於席間將息侯綁架，輕而易舉地滅了息國。

息侯害人害己，因他主動借道給楚國，讓楚國滅蔡，雖為自己報了私仇，卻不料，楚國竟不丟一兵一卒，順手將他自己也消滅了。

其實，此計的關鍵在於「假道」。善於尋找「假道」的藉口，善於隱蔽「假道」的真正意圖，突出奇兵，往往可以取勝。

在現代社會中，「假途伐虢」之計，可以用於遭逢危機或不利於自己的狀態時，為自己爭取利益，甚或是取得他人支持與信任的辦法。運用這個計謀，可以深入其他組織，達成最終目的。

【原文】

兩大之間，敵脅以從，我假以勢。困，有言不信。

【譯文】

地處於兩個大國中間的小國，受到敵方威脅被迫屈服時，我方應立即出兵援助，借機擴展勢力。對於正處困境的國家，僅做口頭許諾而未採取實際行動的話，是沒有辦法取得它的信任的。

25・偷樑換柱

頻更其陣，抽其勁旅，待其自敗，而後乘之。曳其輪也。

樑，是房屋建築中的水平方向的長條形承重構造，在木結構屋架中通常按前後方向架放在柱子上。柱，是建築物中具支撐作用的垂直構造，在木結構屋架中，支撐橫樑。

樑與柱是建築結構中最關鍵、最結實、作用最大、選料最精的部件。建築物是否穩固，取決於樑和柱；樑軟屋塌，柱折房垮，樑和柱在房屋建築正具有如此重大的作用，樑和柱除用於比擬事物的關鍵與精華外，還經常用來比喻國家和組織中關鍵的中堅份子。

偷樑換柱，指使用手段，暗中更換事物的關鍵部分，從而改變事物的性質與核心。這個技巧的運作中充滿爾虞我詐、乘機控制別人的權術，所以也往往用於政治謀略和外交謀略。

秦始皇稱帝，自以為江山一統，自己便擁有子孫萬代的家業了。他自恃健康無虞，故一直沒有立太子，指定接班人。

在秦國宮廷內，有兩大政治集團。一個是長子扶蘇與蒙恬的集團，一個是幼子胡亥與趙高的集團。扶蘇恭順好仁，為人正派，在全國有很高的聲譽。秦始皇本意欲立扶蘇為太子，為了鍛鍊他，派他到著名將領蒙恬駐守的北線為監軍。

而幼子胡亥，因為長年受到寵溺，在宦官趙高教唆下，只知吃喝玩樂。

西元前二一〇年，秦始皇第五次南巡，到達平原津（今山東平原縣附近），突然一病不起。此時，秦始皇也知道自己的大限將至，於是，連忙召丞相李斯，要李斯傳達密旨，立扶蘇為太子。但當時掌管玉璽和起草詔書的正是宦官趙高。

趙高早有野心，看準了這是一次難得的機會，而故意扣押密旨，等待時機。幾天後，秦始皇在沙丘平召（今河北廣宗縣境）駕崩。李斯擔心太子回宮之前，政局動盪，所以祕不發喪。

此時趙高特此前來拜訪李斯，告訴他：「皇上賜給扶蘇的信，還扣在我這裡。現在，立誰為太子，我和你就可決定。」狡猾的趙高接著對李斯分析利害，說：「如果扶蘇做了皇帝，一定會重用蒙恬，到那個時候，你還能坐得穩宰相的位置嗎？」

這一席話，說動了李斯。於是二人合謀，製造假詔書，賜死扶蘇，殺了蒙恬。趙高未用一兵一卒，僅僅用偷樑換柱的手段，就把昏庸無能的胡亥扶為秦二世，為自己今後的專權打下基礎，也為秦朝的滅亡埋下了禍根。

偷樑換柱與「偷天換日」、「偷龍換鳳」、「調包計」，都是同樣的意思。在軍事上的運用，就是趁著聯合友軍對敵作戰之際，不動聲色地反覆變動友軍陣線，藉機調換其兵力，等待友軍一敗塗地之時，再一舉將其拿下，完全控制在手掌心。

猶太商人鮑洛奇早年在美國一個叫杜魯茨城的最為繁華的街道替老闆看攤賣水果，深諳銷售技巧的他，讓這家水果攤的銷售優異於其他店家。不料，老闆貯藏水果的冷凍廠發生了一場火災。大火雖然撲滅了，但十六箱香蕉已被大火烤得變成了土黃色，上面顯現了不少的小黑點。老闆讓他以折扣價出售。

鮑洛奇接過這批看似毀壞的香蕉，心裡充滿了困惑和壓力。然而，他決定不放棄。第二天，鮑洛奇在攤位前高聲宣傳這些香蕉，宣稱它們是最新進口的阿根廷品種，口感獨特。儘管顧客起初半信半疑，但鮑洛奇的熱情和說服力讓人們開始感興趣。一位好奇的小姐首先嘗試了這種「阿根廷香蕉」，並為其獨特的口感所吸引。鮑洛奇巧妙地利用了這一刻，鼓勵其他顧客也品嘗，最終成功售出了全部香蕉，甚至以高於市場價格的價格賣出。

雖然鮑洛奇「偷樑換柱」的銷售策略有些欺騙，但他的商業智慧和創造力無疑為他贏得了商場上的勝利。

【原文】

頻更其陣，抽其勁旅，待其自敗，而後乘之。曳其輪也。

【譯文】

與其他軍隊結盟協力作戰時，頻繁地更換盟軍陣容，暗中抽調盟軍的主力部隊，以自己的軍隊瓜代。待盟軍衰敗時，再乘機兼併盟軍。這就好比再龐大的車子，一旦車輪被拖住時，整輛車子也將無法運行。

26・指桑罵槐

大凌小者，警以誘之。剛中而應，行險而順。

指桑罵槐，是一種指甲罵乙的罵人術，帶有旁敲側擊的意味。在環境、身分、禮節等多種因素的限制下，有時想譴責一個人，卻因為種種侷限無法直接提出，這時可以另尋對象來罵，讓被罵者體會得到自己挨了罵，但因為沒有被指名道姓，也只能吃悶虧，乖乖地被罵上一場。

在傳說與歷史中，有很多指桑罵槐的高手，例如淳于髡、孟優、東方朔等，他們把指桑罵槐的技術轉換為一門高雅的藝術。

相形之下，作為三十六計之一的指桑罵槐，已經從高雅的藝術，演變為陰險的權術。它不再是一種指甲罵乙的文鬥，而是一種殺雞儆猴、殺一儆百的武殺，而武殺之前，又預設某種圈套，引誘人家上刀口。操權者，借刀光血影來威懾部屬，從而順利地調遣部屬。

春秋時期，齊景公任命田穰苴為將，帶兵攻打晉、燕聯軍，又派寵臣莊賈擔任監軍。

穰苴與莊賈約定第二天中午在營門集合。第二天，穰苴早早到了營中，命令裝設好作為計時器的標竿和滴漏盤。約定時間一到，穰苴便到軍營宣布軍令，整頓部隊。然而莊賈遲遲未至，穰苴幾次派人催促，直到黃昏時分，莊賈才一臉醉容抵達營門。

穰苴問：「為何不按時到軍營來？」

莊賈對於穰苴的提問不以為意，只說：「親戚朋友都來為我設宴餞行，我總得應酬，所以來得遲了。」

穰苴非常氣憤，斥責他身為國家大臣，肩負監軍重任，卻只顧及家事，不以國家大事為重。

莊賈面對穰苴的慷慨陳詞卻是毫不在意，他覺得這次遲到只是件區區小事，他仗著自己是國王的寵臣親信，而未表達進一步的歉意或悔意。

穰苴看著莊賈的反應，他轉過頭，當著全體將士，召喚來軍法官，當眾大聲問道：「無故耽誤時間，按照軍法應當如何處理？」

軍法官答道：「該斬！」

穰苴旋即下令拿下莊賈。到了這個節骨眼，莊賈才發現大事不妙，嚇得渾身發抖，他的隨從連忙飛馬進宮，向齊景公報告情況，請求景公下令派人救命。

在景公分派的使者尚未趕到之時，穰苴已下達命令，宣布將莊賈斬首示眾。全軍將士看到主將殺違反軍令的大臣，個個嚇得發抖，這時沒人膽敢不遵將令。

就在此刻，景公派來的使臣飛馬闖入軍營，他捧著景公的命令，要求穰苴放了莊賈。

穰苴沉著地回應：「將在外，君命有所不受。」他見來人驕狂，便又叫來軍法官，問道：「在軍營中跑馬亂竄，按軍法應當如何處理？」

軍法官答道：「該斬。」這句話把使者嚇得面色如土。

穰苴不慌不忙地說道：「君王派來的使者，可以不殺。」於是下令殺了他的隨從和三駕車的左馬，砍斷馬車左邊的木柱。然後派使者回去報告。

穰苴帶領的軍隊紀律嚴明，加上軍隊戰鬥力旺盛，後來果然打了不少勝仗。

在運用「指桑罵槐」之計以樹立威信時，絕不可僅僅侷限於「嚴」和「剛」，還要注意到局勢。高明的上司在批評部屬時，會運用旁敲側擊的方法，以免直接傷害部屬的自尊心理。例如《三國演義》中寫到「曹操兵敗哭郭嘉」，赤壁之戰，曹操遭到慘敗，他在脫險後，眾謀士及眾將都在寬慰他。可是，曹操卻突然放聲大哭了起來，並哭著表示自己是在哭郭嘉，他口口聲聲說：「若奉孝在，絕不使吾有此大失也！」曹操這句話中，沒有一個字在批評任何人，但卻刺激了在場的每一位謀士。他的這番措辭正是對眾謀士最尖刻的指責，使得眾謀士聞之，皆靜默無語，深感自慚。

曹操採用了「指桑罵槐」之計，不僅觸動了眾謀士，發揮了勝於批評和懲罰的作用，同時，也展現出曹操領導能力的高明之處。眾謀士在自慚過後，對曹操將更加敬畏，讓曹操達到「指桑罵槐」的最終目的。

在這個多元化的社會裡，使用指桑罵槐之計，對強大的一方來說，可以警戒震懾弱小的一方。其實力量弱小的一方也同樣可採用此道而反行之，採取強硬、實施果敢手段，將可取得意想不到的經營效果。

【原文】

大凌小者，警以誘之。剛中而應，行險而順。

【譯文】

強者制伏弱者，要以警告的辦法來進行誘導。適當地施展強硬的手段，便可讓周遭隨之應和，即使從事艱難的任務也不會有禍患。

27・假癡不癲

寧偽作不知不為，不偽作假知妄為。靜不露機，雲雷屯也。

《孫子兵法》說：「故善戰者之勝也，無智名，無勇功。」當尚未發動行動時，要表現得鎮定安靜，好像是癡人一樣；若是假裝癲狂，任意行動，不但會洩露機密，還會因為自己的胡亂作為，引起別人的懷疑。所以假裝「癡」，會勝利，假裝「癲」，會失敗。或者說：假裝癡傻，可以對付敵人，也可以指揮軍隊。

將此計用於軍事上，指的是雖具備強大的實力，但刻意掩飾鋒芒，裝成軟弱可欺的模樣，藉此放鬆敵人警戒，使之自大狂放，最後伺機而動，趁敵人猝不及防下加諸以措手不及的打擊。

秦朝末年，匈奴政權變動，人心不穩。鄰近強大的東胡，借機向匈奴勒索。東胡存心挑釁，要匈奴獻上國寶千里馬。匈奴的將領們都說東胡欺人太甚，絕對不能將國寶輕易送給他們。

匈奴單于冒頓卻排除眾議，做出決定：「給他們，不能因為一匹馬與鄰國失和。」

匈奴的將領們都不服氣，冒頓卻若無其事。

東胡見匈奴軟弱可欺，竟然進一步向冒頓索取一名妻妾。

眾將見東胡得寸進尺，個個義憤填膺。

冒頓卻說：「給他們，不能因為捨不得一個女子而與鄰國失和！」

東胡不費吹灰之力，連連得手，故認定匈奴民族軟弱可欺，不堪一擊，從此不把匈奴放在眼裡。

此時東胡已處於趾高氣昂、目中無人的狀態，這正是冒頓單于所求之不得。

不久，東胡看中了與匈奴交界處的一片茫茫荒原，這片荒原是匈奴的領土。東胡派使臣前往匈奴，提出相贈此地的要求。

匈奴眾將尋思冒頓既已一再忍讓，而這荒原又是杳無人煙之地，這次恐怕又會同意割讓了。

誰知冒頓此次態度一轉，突然說道：「千里荒原，杳無人煙，但也是我匈奴的國土，怎可隨便讓人？」他立即下令整頓部隊，進攻東胡。

這一次因為匈奴將士長期累積了對東胡的怨氣，對戰時個個奮勇爭先，銳不可擋。東胡眾將做夢也沒想到那個癡愚的冒頓會突然發兵攻打過來，一時之間措手不及。倉促應戰的東胡部隊，哪裡是匈奴的對手？於是這場戰爭的結局便是匈奴一舉殲滅東胡，東胡王在亂軍之中遭到殺害。

假癡不癲，重點在一個「假」字。這裡的「假」，意思是偽裝。外表看似癡傻憨呆，內心其實非常清醒。此計無論是用於政治謀略或軍事謀略，都算高招。

用於政治謀略，就是韜晦之術，在形勢不利於自己時，表面上裝瘋賣傻，給予人碌碌無為的印象，隱藏自己的才能，掩蓋內心的政治抱負，以免引起政敵的警覺，專一等待實現抱負的時機。

三國時期，曹操與劉備青梅煮酒論英雄就是個典型的例證。劉備早已有奪取天下的抱負，只是當時勢力太弱，根本無法與曹操抗衡，加上處於曹操控制之下，於是劉備每日裝作只懂得飲酒種菜，不問世事的模樣。

一日曹操邀請劉備飲酒。席上曹操問劉備「誰是天下英雄」，劉備列了幾個名字，都被曹操否定了。

曹操豪氣地說道：「天下的英雄，只有我和你兩個人！」這句話把劉備嚇得驚慌失措，他深怕曹操發現自己的政治抱負，一時間嚇得把手中的筷子掉落。

幸好窗外一陣雷聲，劉備急忙遮掩，說自己被雷聲嚇掉了筷子。

曹操見狀，大笑不止，認為「劉備連打雷都害怕，成不了大事」，對劉備放鬆了警覺。後來劉備擺脫了曹操的控制，終於在中國歷史上闖蕩出一番事業。

所以，按此計所論，寧可有為而示無為，聰明而示愚昧；不可無為視有為，愚蠢裝聰明。實質上這正是強調以退為進，後發制人的道理。

要將這一計運用於經濟活動，應表面展現大智若愚，實則暗中運籌，能而示之不能，知而示之不知，往往能出奇制勝。

【原文】

寧偽作不知不為，不偽作假知妄為。靜不露機，雲雷屯也。

【譯文】

寧願假裝不懂而未採取行動，也不裝懂而輕舉妄動。要沉著冷靜，不露出真實動機，如同雲勢壓住雷動，伺機而動。

28・上屋抽梯

假之以便，唆之使前，斷其援應，陷之死地。遇毒，位不當也。

上屋抽梯，是一種誘逼計。施展的順序為：先製造讓敵方以為有機可乘的處境（置梯與示梯）；第二步引誘敵方做某事或進入某種境地（上屋）；第三步是截斷其退路，使其陷於絕境（抽梯）；最後一步是逼迫敵方按我方的意志行動，或是給予敵方以致命的打擊。

當發現敵方擴張勢力，並且在籌畫擊垮或吞併我方時，我方可採「上屋抽梯」這一計謀來保全自己，還可以用這個計謀把敵方掌握到手後加以擊垮或加以兼併。製造某種假象，讓敵方誤以為可以採取行動，再於假象中設置圈套，當敵方採取行動時，便會落入圈套，逐漸邁向失敗。

秦朝滅亡之後，各路諸侯逐鹿中原。後來僅有項羽和劉邦的勢力獨大。其他諸侯，有的被消滅，有的匆忙尋找靠山。趙王歇在鉅鹿之戰中，看到項羽是個不可多得的英雄，心中十分佩服，於是在楚漢相爭時期，投靠了項羽。

劉邦為了削弱項羽的力量，命令韓信、張耳率兩萬精兵攻打趙王歇的勢力。趙王聽到消息之後，呵呵一笑，他認為自己有項羽這個靠山，再加上自己手上有二十萬人馬，韓信、張耳何懼？於是趙王便親自率領二十萬大軍駐守井陘，準備迎敵。韓信、張耳的部隊也向井陘進發，他們在離井陘三十里外安營紮寨。兩軍對峙，一場大戰即將開始。

韓信分析了雙方的兵力，敵軍人數比己方多十倍，此時若硬拚攻城，恐怕不是對方的敵手；可久拖不決，亦經不起消耗。經過反覆思考，韓信定下了一條妙計，他召集將士們在營中部署。命一將領率兩千精兵到山谷樹林隱蔽之處埋伏，並下令：「等到我軍與趙軍開戰後，我軍佯敗逃跑，趙軍肯定傾巢出動，追擊我軍。這時，你們迅速殺入敵營，插上我軍的軍旗。」他又命令張耳率一萬兵力，在綿延河東岸，擺下背水一戰的陣式，自己則親率八千人馬正面佯攻。

第二天天剛亮，只聽見韓信營中的戰鼓隆隆，韓信親率大軍向井陘殺來。趙軍主帥陳餘，則是早已做好準備，他立即下令出擊，兩軍當下殺得昏天黑地。此時韓信早已部署好了，他趁時機大亂，一聲令下，整個部隊立即佯裝敗退，並且故意遺留下大量的武器及軍用物資。

陳餘見韓信敗走，立即下令追擊，一定要全殲韓信的部隊。

韓信帶著敗退的隊伍撤到綿延河邊，與張耳的部隊合為一股。韓信動員將士們，說道：「前邊是滔滔河水，後面是幾十萬追擊的敵軍，我們已經沒有退路，只能背水一戰，擊潰追兵。」士兵們知道已無退路，個個奮勇爭先，要與趙軍拼個你死我活。

韓信、張耳轉頭反殺了回來的舉動，完全出乎陳餘的意料，他的部眾皆以為現下是勝利在握，專注力已經削減，再加上韓信故意在路上遺留了大量軍用物資，士兵們見錢眼開，已經陷入你爭我奪，一片混亂的狀態。

反觀銳不可擋的漢軍，他們奮勇衝入敵陣，殺得趙軍丟盔棄甲，一派狼籍，正是兵敗如山倒的局面。陳餘下令馬上收兵回營，準備修整之後，再與漢軍作戰。當他們退到自己大營之前時，卻見大營前方千萬飛箭，射向趙軍。陳餘在慌亂中，這才注意到營中早已插遍漢軍軍旗。

趙軍驚魂未定，營中漢軍已經衝殺出，與韓信、張耳從兩邊夾擊趙軍。張耳一刀將陳餘斬於馬下，趙王也被漢軍生擒，趙軍二十萬人馬全軍覆沒。

從這個例子可以知道：為了使敵方進入圈套，還要設法進行引誘。引誘，即投放誘餌；投餌要準確有效，就要知敵性、識敵情。有的是放餌，這和釣魚一樣。釣魚，要知道了解魚的愛好；在下鉤之前，要決定釣什麼魚、投什麼餌。總之是投其所好，才能誘其上鉤。

上屋抽梯，還可以和其他計謀合併運用。例如抽梯之後可以「關門捉賊」，計謀的妙處在於靈活運用。現代生活中，上屋抽梯就是給予對手便利，故意露出破綻，引誘利用，使對手陷入預設的經營圈套；對於合作夥伴，可以提供利益，引誘其向前，不斷提供援助；對於競爭對手，則根據其對己方的利弊關係對待，以便達成目的。

川上源一是日本山葉株式會社（Yamaha Corporation）的總裁，他深諳《孫子兵法》等經典的精髓，他明白，要想在商戰中取勝，必須提前布局，引導客戶主動「上鉤」。

首先，川上將公司的經營重心放在音樂教育事業上。他開設了音樂培訓班，廣納學員，甚至投入了二十多億日元的資金。在外界看來，這是一項虧本的舉措，但川上心中已有深謀。川上聲稱自己的初衷是推廣音樂教育，不涉及商業目的，但實際上，他早已謀劃好了商業利益。

他將音樂培訓班的教學內容與山葉樂器公司的業務緊密聯繫，課堂上教授的樂曲需要用到山葉的樂器才能演奏出最佳效果，因此學員不可避免地成為了潛在的客戶。

其次，川上巧妙地將學員名單傳遞給公司的業務員，將目標客群納入營銷範圍。且培訓班的級別越高，對山葉樂器的需求就越大，這使得學員和家庭成為了公司長期的客戶。

川上即是透過這種「上屋抽梯」的策略，成功地將學員和家庭「圈養」在了自己的經營體系中，成為了公司的忠實消費者，讓山葉樂器公司在市場競爭中占據了優勢地位。

【原文】

假之以便，唆之使前，斷其援應，陷之死地。遇毒，位不當也。

【譯文】

故意露出破綻讓敵人以為有可乘之機，引誘敵人深入我方，然後截斷其後援，使其陷入絕境。因此如若遭到覆滅，也是因為貪圖不應得之利的下場。

29・樹上開花

借局布勢，力小勢大。鴻漸於陸，其羽可用為儀也。

在原本無花或不能開花的樹上掛上假花，或借樹開花，或在別人的樹上開自己的花（乃至於結自己的果），以混淆觀樹者的視聽達到其目的。樹上開花，是從「鐵樹開花」轉化而來，鐵樹開花是罕見的奇蹟，而謀略家往往是創造奇蹟的專家。

此計用於軍事上指的是：力量比較弱小的軍隊，可以借友軍勢力或借某些元素製造假象，讓自己的陣營顯得強大。意思是說，在戰爭中要善於借助各種元素來為自己壯大聲勢。

北宋皇祐年間，南方壯族首領儂智高起兵反宋，仁宗令狄青率兵前往平叛。臨戰前夕，一天夜晚，狄青巡營，發現許多士兵都在向天祈禱。狄青不解，即召來士兵詢問，皆說有人相傳儂智高是天神之子下界伐宋，眾人畏懼，方才求上天保佑。

狄青聽後大驚，但旋即思得一計。他立即召集眾將，約定次日全軍於教場聽點。

第二天，狄青對全體將士說道：「此次出征，勝負難料，我今用百枚銅錢求問上天，若字面朝上，是神明保佑我軍獲勝；若字面朝下，我即率全軍班師還朝。」說罷，將百枚銅錢拋於地上。眾軍兵定睛一看，百枚銅錢字面皆朝上，無一相反。全軍遂士氣大振。狄青又命，將百枚銅錢用百支鐵釘分別釘於原處。

後來宋軍果然在數日內大敗叛軍。一位部將感到此事蹊蹺，遂拿起一枚銅錢來看，終於發現了問題。原來狄青在定下計謀後，連夜令人鑄出了百枚兩面相同的特別銅錢。這是狄青穩定軍心的計策。

穩定軍心的案例不只於此。戰國中期，著名軍事家樂毅率領燕國大軍攻打齊國，連下七十餘城，最後，齊國只剩下莒城和即墨這兩座城。樂毅乘勝追擊，圍困莒城和即墨。然而齊國拼死抵抗，燕軍久攻不下。

這時，有人對燕王說：「樂毅不是燕國人，當然不會真心為了燕國，不然，這兩座城怎麼會久攻不下呢？恐怕他是想自立為齊王吧！」

當時，燕昭王並未因此懷疑樂毅。然而燕昭王去世後，繼位的惠王便馬上重用自己的親信，令一位名叫騎劫的大臣，取代了樂毅。

樂毅知道當下狀況於己不利，只得逃回趙國老家。

齊國守將是有名的軍事家田單，他深知騎劫根本算不上是將才，雖然燕軍強大，只要計謀得當，一定可以擊敗燕軍。

田單首先利用兩國的士兵都有的迷信心理，要求齊國軍民每天飯前要拿食物到門前空地上祭祀祖先。結果成群的烏鴉、麻雀爭先恐後地前來爭食。域外燕軍見此狀況，大惑不解。後來他們聽說齊國有神師相助，現在居然連飛鳥都定時朝拜，一時間人心惶惶，非常害怕。

田單接下來的第二招，則是進一步讓騎劫上鉤。田單派人放出風聲，說「樂毅過於仁慈，誰也不怕他」，還說「如果燕軍割下齊軍俘虜的鼻子，齊人肯定會嚇破膽。」騎劫聽了立刻上鉤，覺得這番話有道理，結果他便立即下令割下俘虜的鼻子，挖了城外齊人的墳墓。這樣殘暴的行為，激起了齊國軍民的義憤。

田單的第三招，是派人送信，大力稱讚騎劫治軍的才能，表示願意投降。與此同時，還派人裝扮成富戶，攜帶著財寶，偷偷出城投降燕軍。

這些招數施展完畢，騎劫便自以為齊國已無作戰能力，當下只等田單開城投降。

然而齊軍人數畢竟太少，即使現下進攻，也很難取勝。於是田單施展了最絕的一招：他把城中的一千多頭牛集中起來，並在牛角上綁上尖刀，在牛身上披上畫有五顏六色、稀奇古怪圖案的紅色衣服，還在牛尾巴上綁了一大把浸了油的葦草。另外挑選了五千名精壯士兵，均身穿五色花衣，臉上繪上五顏六色，手持兵器，命他們跟在牛的後面。

這天夜晚，田單下令將牛從新挖的城塘洞中放出，點燃葦草，牛的尾巴燒熱了，個個焦躁難擋，紛紛向前衝，直闖燕國軍營。此時燕軍陣營因為毫無防備，再加上這個火牛陣勢前所未見，一個個嚇得魂飛天外，手足無措。只能眼見齊軍五千勇士衝殺進入。一時間，燕軍死傷無數，將領騎劫也在亂軍中遭到殺害，燕軍一敗塗地。齊軍便於此時乘勝追擊，收復七十餘城，齊國從此轉危為安。

田單能讓齊國轉危為安，靠的就是這「樹上開花」之計。田單此計可說是善用各種元素壯大軍隊聲勢的典範。

由此可知，「樹上開花」一計的關鍵，在於窮盡一切可借助的客觀條件，來壯大聲勢，巧布迷魂陣、虛張聲勢之後，藉此一口氣懾服敵人，這就是樹上開花計的實踐之道。

【原文】

借局布勢，力小勢大。鴻漸於陸，其羽可用為儀也。

【譯文】

借助其他條件來營造聲勢，使弱小的兵力顯示出強大的氣勢。就像長空列陣的雁群憑藉羽翼和隊形來助長氣勢一樣。

30・反客為主

乘隙插足，扼其主機，漸之進也。

反客為主，是指被動者反而成為主動者，客人反而成了主人。用在軍事上，是指在戰爭中，要努力化被動為主動，爭取掌握戰爭局勢的謀略。絞盡腦汁趁隙而入，控制對方要害，把握有利時機併吞或控制他人。

例如《三國演義》中寫到的「黃忠反客為主，智取定軍山」。

劉備在奪取了曹軍屯糧重地天盪山後，派黃忠與法正率軍前去攻打通往漢中的要塞定軍山。作戰中，黃忠用法正計，採取步步為營的戰法，誘使定軍山曹軍守將夏侯淵出戰。後來夏侯淵果然中計，與黃忠對陣廝殺，黃忠在這場廝殺中得勝，一舉搶占了定軍山對面的制高點——對山，贏得了戰鬥的主動權。夏侯淵見失去了作戰的有利地勢，乃率大軍反攻。黃忠又以「以逸待勞」之計，先堅守不出，直到曹軍疲憊之時，再突然出擊，擊敗了夏侯淵，並奪下了定軍山。

由此可見，運用此計的關鍵在於循序漸進、把握時機、搶占要地、攻敵必救。

黃忠在奪取定軍山的過程中，如果不用步步為營的戰法，誘使夏侯淵出戰，乘勝搶占對山這一戰略要地，而是直攻定軍山，其結果恐怕就難以想像了。因為夏侯淵將不僅能夠「以逸待勞」，另一方面還可以憑藉地勢堅守不戰。黃忠運用步步為營的戰法，則能維護部隊不至於疲勞，可以穩步前進，乘機搶占對山這一要地，又直接構成了對曹軍的威脅，使其不得不千方百計爭取恢復。這種由被動作戰，變成了主動作戰的操作法，牢牢地把握住了戰爭的主動權。

本計在古代的運用，多是針對盟友。往往是借援助盟軍的機會，先站穩腳跟，然後步步為營，取而代之。

袁紹和韓馥是一對盟友，他們曾共同討伐過董卓。後來，袁紹勢力漸漸強大，總想不斷擴張，他在屯兵河內時，因缺少糧草，十分困擾。老友韓馥知道情況之後，便主動派人送去糧草，幫袁紹解決供應困難。

袁紹覺得與其等待別人送糧草，無法解決根本問題；因此他聽了謀士逢紀的勸告，決定奪取糧倉冀州。而當時的冀州牧正是老友韓馥。袁紹顧不了那麼多，他馬上下手，實施錦囊妙計。

他首先給公孫瓚寫了一封信，邀請對方與他一起攻打冀州。公孫瓚早就想找理由攻占冀州，這個建議，正中下懷。他立即下令，準備發兵攻打冀州。

袁紹又暗地裡派人去見韓馥，說：「公孫瓚和袁紹聯合攻打冀州，冀州難以自保。袁紹過去不是你的老朋友嗎？最近你不是還給他送過糧草嗎？你何不聯合袁紹，一起對付公孫瓚呢？讓袁紹進城，冀州不就保住了嗎？」

韓馥聽了這番勸告，只得邀請袁紹帶兵進入冀州。

袁紹進城之後，表面上尊重韓馥，實際上卻逐漸將自己的部下一個個像釘釘子似地紮進了冀州的要害部位。這時，韓馥清楚地知道，他這個「主」被「客」取而代之了。為了保全性命，他只得隻身逃離冀州。

古人說，主客之勢常常發生變化，有的反客為主，有的轉主為客。實施此計的關鍵在於要化被動為主動，巧妙地掌握主動權。

【原文】

乘隙插足，扼其主機，漸之進也。

【譯文】

乘著發現漏洞就趕緊插足進去，把握住關鍵重點，循序漸進地達到自己的目的。

31・美人計

兵強者，攻其將；將智者，伐其情。將弱兵頹，其勢自萎。利用禦寇，順相保也。

美人計，是用美女的姿色來迷惑對手，使其在「溫柔鄉」中，不自覺地消磨鬥志，沉浸於淫樂之中。在軍事上使用「美人計」，主要是針對用武力難以征服的敵人，利用其將帥的弱點，運用美女以迷惑之。此計通常為軍事行動的輔助手段，從思想上打敗敵方將帥，以求在強敵面前自保的手段。

此計主要順應於人貪圖安逸享樂的弱點，往往會收到用武力所無法實現的效果。例如《三國演義》中寫到的「王司徒巧施美人計」。

東漢末，董卓一度把持朝政，朝廷由董卓專權。董卓為人陰險，濫施殺戮，並有謀朝篡位的野心。滿朝文武，對董卓又恨又怕。

司徒王允見此態勢十分擔心——朝廷出了這樣一個奸賊，若不除掉他，朝廷難保。但董卓勢力強大，正面攻擊，還無人鬥得過他。董卓身旁有一義子，名叫呂布，驍勇異常，忠心保護董卓。

王允觀察這「父子」二人，狼狽為奸，不可一世，但有一個共同的弱點：皆是好色之徒。那麼何不用「美人計」，讓他們互相殘殺，以除奸賊？

王允府中有一歌女，名叫貂蟬。這名歌女，不但色藝俱佳，而且深明大義。王允向貂蟬提出用美人計誅殺董卓的計畫。貂蟬為感激王允對自己的恩德，決心犧牲自己，為民除害。

在一次私人宴會上，王允主動提出將自己的「女兒」貂蟬許配給呂布。呂布見這一絕色美人，喜不自勝，十分感激王允。二人決定選擇吉日完婚。

第二天，王允又邀請董卓到家裡來，在酒席筵間，他請貂蟬出來獻舞。董卓一見貂蟬，垂涎欲滴於其美色。

王允說：「太師如果喜歡，我就把這名歌女奉送給太師。」

董卓假意推讓一番，便高興地把貂蟬帶回府中去了。

呂布知道之後大怒，當面斥責王允。王允編出一番巧言哄騙呂布。他說：「太師要看看自己的兒媳婦，我怎敢違命！太師說今天是良辰吉日，決定帶回府去與將軍成親。」

呂布信以為真，等待董卓給他辦喜事。過了幾天沒有動靜，再一打聽，原來董卓已把貂蟬據為己有。呂布一時也沒了主意。

一日董卓上朝，忽然不見身後的呂布，心生疑慮，馬上趕回府中。結果在後花園鳳儀亭內，撞見呂布與貂蟬在一起。他頓時大怒，用戟朝呂布刺去。呂布用手一擋，沒擊中。呂布怒氣沖沖地離開太師府。

王允見時機成熟，邀呂布到密室商議。王允大罵董賊強佔了女兒，奪去了將軍的妻子，實在可恨。

呂布咬牙切齒，說：「要不是看在我們是父子關係，我真想宰了他。」

王允忙說：「將軍錯了，你姓呂，他姓董，算什麼父子？再說，他搶占你的妻子，用戟刺殺你，哪裡還有什麼父子之情？」

呂布說：「感謝司徒的提醒，不殺老賊，誓不為人！」

王允見呂布已下決心，他立即假傳聖旨，召董卓上朝受禪。不明就裡的董卓此時還耀武揚威，進宮受禪。不料就在此時，呂布突然一戟，當場直穿董卓咽喉。

人們常說，英雄難過美人關。就算是英雄也會被美人攻克，為美人傾倒，可見美色有何等的威力，又是何等地讓人趨之若鶩。於是，利用美色來對付他人，謀取利益的案例層出不窮，紛紛演繹出各式各樣的活色生香美人計。

西施送秋波，勾踐破吳國，誅了吳王；皇后送香澤，清太宗降服了大明英雄洪承疇。

美人比任何武力都有威力。武力的攻伐帶來仇恨，遭到抵抗。而美色可以消磨敵人意志，侵蝕敵人體力，引發敵人內部衝突。美人媚眼一丟，細腰一扭，或者柔懷一送，再強的敵人也註定要灰飛煙滅。

【原文】

兵強者，攻其將；將智者，伐其情。將弱兵頹，其勢自萎。利用禦寇，順相保也。

【譯文】

對於兵力強大的敵人，就要從制伏其將帥上入手；對於有能力而智慧超人的將帥，就要從其性情上的弱點入手。一旦將帥鬥志衰弱，士兵意志消沉，部隊的戰鬥力就會自行消失。利用敵人的弱點對其進行控制和分化，就能順勢保存我方實力了。

32・空城計

虛者虛之，疑中生疑，剛柔之際，奇而復奇。

空城計，是一種心理戰術。在己方無力守城的情況下，故意向敵人暴露自己城內空虛，就是所謂「虛者虛之」。當敵方產生懷疑，便會猶豫不前，這就是所謂的「疑中生疑」。這麼做主要是使敵人擔心城內有埋伏，擔心中了埋伏而裹足不前。但這是懸而又懸的「險策」。使用此計的關鍵，在於清楚地了解並掌握敵方將帥的心理狀況和性格特徵。諸葛亮能夠運用空城計解圍，就是因為他充分了解司馬懿謹慎多疑的性格特點，才施展出的險策。

三國時期，諸葛亮因錯用馬謖而失掉戰略要地——街亭，魏將司馬懿乘勢引大軍十五萬向諸葛亮所在的西城蜂擁而來。當時，諸葛亮身邊沒有大將，只有一班文官，所帶領的五千軍隊，也有一半前往運送糧草，只剩兩千五百名士兵留在城裡。

此時眾人聽到司馬懿帶兵前來的消息都大驚失色。諸葛亮登城樓觀望後，對眾人說：「大家不要驚慌，我略用計策，便可使司馬懿退兵。」

於是，諸葛亮傳令，把所有的旌旗都藏起來，士兵原地不動，如果有私自外出以及大聲喧嘩，立即斬首。又讓士兵把四個城門打開，每個城門之上派二十名士兵扮成百姓模樣，灑水掃街。諸葛亮自己則披上鶴氅，戴上高高的綸巾，領著兩個小書童，帶上一張琴，坐在城樓上，燃起香，然後慢慢彈起琴來。

司馬懿的先遣頭部隊到達城下，見了這種氣勢，都不敢輕易入城。他們急忙返回報告司馬懿。

司馬懿聽後，笑著說：「這怎麼可能呢？」於是便令三軍停下，自己飛馬前去觀看。離城不遠，他果然看見諸葛亮端坐在城樓上，笑容可掬，正在焚香彈琴。左面一個書童，手捧寶劍；右面一個書童，手裡拿著拂塵。城門裡外，二十多個百姓模樣的人在低頭灑水掃地，旁若無人。

司馬懿見此景象後，疑惑不已，便來到中軍，令後軍充作前軍，前軍作後軍撤退。

他的二子司馬昭說：「莫非是諸葛亮家中無兵，所以故意弄出這副態勢？父親您為什麼要退兵呢？」

司馬懿說：「諸葛亮一生謹慎，不曾冒險。現在城門大開，裡面必有埋伏，我軍如果進去，正好中了他們的計。還是快快撤退吧！」於是，各路兵馬都退了回去。

諸葛亮的空城計名聞天下，也是《三國演義》裡最精彩的一回，歷來被人們所津津樂道。這一計的關鍵在於能否正確地把握敵人將帥的心理狀態和性格特徵，因地制宜地解決窘境。兵臨城下，將至壕邊，心裡明明知道自己力量空虛，卻又不作任何防備，倘若沒有一點膽量，是絕不敢使用這套計策的！對於愚者，此計是魯莽的代名詞，對於智者，則是成功的妙計！

【原文】

虛者虛之，疑中生疑，剛柔之際，奇而復奇。

【譯文】

在兵力空虛時，願意顯示防備虛空的樣子，就會使人疑心。用這種陰弱的方法對付強剛的敵人，這是奇法中的奇法。

33・反間計

疑中之疑，比之自內，不自失也。

反間，即孫子所說的因間、內間、反間、死間、生間，五間之一。反間，是指收買或利用敵方派來的間諜為我所用。

反間計，就是反過來利用深入內部的敵方間諜，或收買敵方間諜，直接為自己服務，或者刻意洩漏假情報，讓敵方帶回，擾亂敵方視聽，使之無法知道己方的真實狀況。

《三十六計》特別重視反間計。在五間計中，的確只有反間計最需要大智大慧，最驚心動魄。

《孫子兵法・謀攻篇》說：「知彼知己，百戰不殆；不知彼而知己，一勝一負；不知彼，不知己，每戰必殆。」為求百戰百勝，歷代兵家莫不設法知彼，即了解與掌握敵方力量、戰術等多方情報。

了解敵情最常用手段便是諜報活動，派遣諜報人員進入敵方內部，刺探敵方情報。於是，戰爭期間往往伴隨著諜報戰。

每一方都想知曉敵情，而不想讓敵對方知道自己的狀況，於是就有了反諜報活動。反諜報的一個重要計謀正是反間計。

三國時期，曹操率領八十三萬大軍，準備渡過長江，占據南方。當時，孫、劉聯合抗曹，但他們的兵力即使聯合起來，仍遠遠落後曹軍。

曹操的隊伍均是由北方騎兵所組成，善於馬戰，不善於水戰；幸好曹操正好有兩名精通水戰的降將蔡瑁、張允可以為曹操訓練水軍；因此曹操把這兩個人當作寶貝，優待有加。

一次，東吳主帥周瑜見對岸曹軍在水中排陣，且陣勢井井有條，周瑜大驚。他心想：「我一定得除掉這兩個心腹大患，否則，我軍就要吃大虧了。」

然而曹操一貫愛才，他知道周瑜年輕有為，是個軍事奇才，很想拉攏他。此時曹營謀士蔣幹自稱與周瑜曾是同窗好友，願意過江勸降。曹操當即派蔣幹過江說服周瑜。

周瑜見蔣幹過江，便一心施展反間計。他熱情地款待蔣幹，酒席筵上，周瑜讓眾將作陪，炫耀武力，並規定只敘友情，不談軍事，堵住了蔣幹的嘴巴。

周瑜佯裝大醉，約蔣幹同床共眠。蔣幹見周瑜不讓他提及勸降之事，心中不安，哪裡能夠入睡。他偷偷下床，發現周瑜案上有一封信，一偷看，原來是蔡瑁、張允寫的，信中約定與周瑜裡應外合，擊敗曹操。

這時，周瑜說著夢話，翻了翻身子，嚇得蔣幹連忙上床。過了一會兒，忽然有人求見周瑜，周瑜起身和來人談話，還刻意查看蔣幹是否睡熟。

蔣幹裝作沉睡的樣子，細細聆聽周瑜談話，但是聲音不甚清楚，只聽見提到蔡、張二人。於是蔣幹因此對蔡、張二人與周瑜裡應外合的計畫確認無疑。

他連夜趕回曹營，讓曹操看了周瑜偽造的信件，曹操頓時火冒三丈，立刻殺了蔡瑁、張允。等曹操冷靜下來，才知道自己中了周瑜的反間之計，但已是後悔莫及。

周瑜之所以用計成功，主要在於他佯裝酒醉向蔣幹吐露了假資訊；再因「裝醉」為蔣幹提供了翻看「軍機檔」的機會；又因「醉後吐真言」讓蔣幹產生了錯覺，使其對署名蔡瑁、張允的假書信信以為真。

採用反間計的關鍵是「以假亂真」。造假要造得巧妙，造得逼真，才能使敵人上當受騙，信以為真，做出錯誤的判斷，採取錯誤的行動。

【原文】

疑中之疑，比之自內，不自失也。

【譯文】

在（敵方）疑陣中再布（我方）疑陣，即反用敵方安插在我方的間諜傳遞假情報，打擊敵方。當助力來自於自身，便不至導致失敗。

34・苦肉計

人不自害，受害必真。假真真假，間以得行。童蒙之吉，順以巽也。

所謂苦肉計，是透過自我傷害這種違背常情的行為而取信於敵，以便施行間諜活動的一種謀略。

苦肉計的施行，關鍵在於利用「人不自害」的常理，以必要的自我犧牲，違背人們分析判斷事物的習慣，使敵人得出與事物本質皆然相反的結論，以便使間諜得以接近敵人，達到用計的目的。

春秋時期，吳王闔閭殺了吳王僚，奪得王位。他十分懼怕吳王僚的兒子慶忌為父報仇。此時慶忌正在衛國擴大勢力，準備攻打齊國，奪取王位。

闔閭整日提心吊膽，他要求大臣伍子胥替他設法除掉慶忌。於是伍子胥向闔閭推薦了一個智勇雙全的勇士要離。

闔閭見要離矮小瘦弱，說道：「慶忌人高馬大，勇力過人，如何殺得了他？」

要離說：「刺殺慶忌，要靠智不靠力。只要能接近他，事情就好辦。」

闔閭說：「慶忌對吳國防範最嚴，要怎樣才能夠接近他呢？」

要離說：「只要大王砍斷我的右臂，殺掉我的妻子，我就能取信於慶忌。」

闔閭不願意這麼做。

要離說：「為國亡家，為主殘身，我心甘情願。」

過了一陣子，吳都流言四起：「闔閭弒君篡位，是無道昏君。」

吳王下令追查，原來流言是要離散布的。闔閭下令捉拿要離和他的妻子，要離當面大罵昏君。闔閭假借追查同謀，未殺要離，而只斬斷了他的右臂，把他們夫妻二人關進監獄。

幾天後，伍子胥要求獄卒刻意放鬆守備，讓要離乘機逃出吳國。

闔閭聽說要離逃跑，一怒之下便殺了他的妻子。這件事不斷傳遍吳國，連鄰近的國家也知道了。

要離逃到衛國，求見慶忌，要求慶忌為他報斷臂殺妻之仇，於是慶忌接納了他。

要離如願接近慶忌之後，勸說慶忌伐吳，而他成為慶忌此行的貼身親信。當慶忌乘船朝向吳國進發時，要離趁慶忌毫無防備的情況下，握緊了矛，用力朝向慶忌的背部刺去，一口氣刺穿了慶忌的胸膛。

慶忌的衛士見狀要捉拿要離，慶忌卻說：「敢殺我的也是個勇士，放他走吧！」慶忌因失血過多而死。要離完成了刺殺慶忌的任務，但因他家毀身殘，最後亦自刎而死。

由此得知，己方如果以假當真，敵方肯定是信而不疑，這樣才能使苦肉之計得以成功。此計其實是一種特殊作法的離間計，運用此計，「自害」是真，「他害」是假，以真亂假。己方要造成內部衝突的假象，再派人裝作受到迫害，借機深入敵人組織核心進行間諜活動。

當然，苦肉計不僅用於戰爭之中，還廣泛地見於社會生活的各個階層。在現實生活中，經營者利用「苦肉計」，把不合格的產品集中進行銷毀，藉以引起廣大群眾的注意，樹立企業的良好形象，也為下一步賺回更多的錢埋下基礎。

【原文】

人不自害，受害必真。假真真假，間以得行。童蒙之吉，順以巽也。

【譯文】

人不會自己傷害自己，若受到傷害，必然是真。能夠做到以假亂真，並讓敵人信以為真，離間計就可以成功實行。這就如同矇騙幼童一樣，矇騙敵方，使他們為我方操縱。這是吉祥之兆。

35・連環計

將多兵眾，不可以敵，使其自累，以殺其勢。在師中去，承天寵也。

連環計，是在軍事上給敵人設下包袱，使其受到拖累，失去行動自由的謀略。連環計的作用，主要在於使強敵自相鉗制，失去靈活機動的能力。行動自由，靈活機動是軍隊能否發揮威力的關鍵。施用此計，使敵「自累」，也就是束縛了敵人，使其威力無法發揮而處於被動挨打的地位。在使用此計時，一般是在用計使敵「自累」，同時配合相應的軍事攻勢。

赤壁大戰時，周瑜巧用反間計，讓曹操誤殺了熟悉水戰的蔡瑁、張允，又讓龐統向曹操獻上鎖船之計，再用苦肉計讓黃蓋詐降。三計連環，打得曹操大敗而逃。

東吳老將黃蓋見曹操水寨船隻一個挨一個，且在蔡瑁、張允死後無得力指揮，便建議周瑜用火攻曹軍。他還主動提出，願意前往曹營詐降，再趁曹操不備，放火燒船。

周瑜說：「此計甚好，只是將軍此去詐降，曹賊必定生疑。」

黃蓋說：「何不使用苦肉計？」

周瑜說：「那樣，將軍會吃大苦啊！」

黃蓋說：「為了擊敗曹賊，我甘願受苦。」

第二日，周瑜與眾將在營中議事。黃蓋故意當眾頂撞周瑜，罵周瑜不識時務，並極力主張投降曹操。

周瑜大怒，下令推出斬首。眾將苦苦求情：「老將軍功勞卓著，請免一死。」

周瑜：「死罪既免，活罪難逃。」命令重打一百軍棍，打得黃蓋鮮血淋漓。

接著黃蓋私下派人送信給曹操，大罵周瑜，表示定會尋找機會前來降曹。

曹操派人打聽，黃蓋確實受刑，正在養傷。他將信將疑，於是，派蔣幹再次過江察看虛實。

周瑜這次見了蔣幹，指責蔣幹：「你盜書逃跑，壞了東吳的大事。這次過江，又有什麼打算？」他說：「莫怪我不念舊情，先請你住到西山，等我大破曹軍之後再說。」接著把蔣幹給軟禁起來。其實，周瑜想再次利用這個自作聰明的呆子，所以名為軟禁，實際上是在引誘他上鉤。

一日，蔣幹心中煩悶，在山間閒逛。忽然聽到從一間茅屋中傳出琅琅書聲。蔣幹進屋一看，見一隱士正在讀兵法。攀談之後，知道此人是名士龐統。

龐統說：「周瑜年輕自負，難以容人，因此我隱居山林。」

蔣幹聞言果然上當，勸龐統投奔曹操，誇耀曹操最重視人才，「先生此去，定得重用」。龐統應允，並偷偷把蔣幹引到江邊僻靜處，一同坐上小船，悄悄駛向曹營。

蔣幹哪裡會想到，他䌷再次中了周瑜一計：原來龐統早與周瑜謀劃，打算故意向曹操獻鎖船之計，讓周瑜火攻之計更顯神效。

曹操得了龐統，十分歡喜，言談之中，很是佩服龐統的學問。他們巡視了各營寨，曹操請龐統提提意見。

龐統說：「北方兵士不習水戰，在風浪中顛簸，肯定受不了，怎能與周瑜決戰？」

曹操問：「先生有何妙計？」龐統說：「曹軍兵多船眾，數倍於東吳，不愁不勝。為了克服北方兵士的弱點，何不將船連鎖起來？平平穩穩，如在陸地之上。」曹操果然依計而行，將士們都十分滿意。

一日，黃蓋在快艦上滿載油、柴、硫，硝等引火物資，遮得嚴嚴實實。他們按事先與曹操聯繫的信號，插上青牙旗，飛速渡江詐降。這日刮起了東南風，正是周瑜他們選定的好日子。

曹營官兵，見是黃蓋投降的船隻，並不防備，忽然間，黃蓋的船上火勢熊熊，直衝首營。風助火勢，火乘風威，曹營水寨的大船一艘連著一艘，想分也分不開，一時之間，所有的船隻一齊著火，越燒越旺。

此時周瑜早已準備好快船，駛向曹營，直殺得曹操數十萬人馬一敗塗地。曹操本人則是倉皇逃奔，好不容易才撿回了一條性命。

連環計，顧名思義，是一種多步驟或多環節的計謀。少則兩步驟或兩環節，多則無定數，步步相接，環環相扣，如同長鏈環環相扣，一計累敵，一計攻敵，任何強敵，無攻不破。

【原文】

將多兵眾，不可以敵，使其自累，以殺其勢。在師中去，承天寵也。

【譯文】

敵人兵多將廣，不可與之硬拼，應設法讓他們自相牽制，以削弱他們的實力。三軍統帥如果用兵得法，就會像有天神長相左右一樣，能夠輕而易舉地戰勝敵人。

36．走為上計

全師避敵，左次無咎，未失常也。

俗話說：「三十六計，走為上策。」那麼，究竟「走」是不是上計？當環境已處於不利，設法移往別地，另起爐灶，謀求東山再起，確實是上計。

任何一種戰鬥，不論是文是武，誰都沒有「常勝」的把握，在戰鬥過程中戰情若隱若晦，瞬息萬變，群雄所爭取的並非暫時得失，而是最後勝利，然而最後的勝利屬於堅持到最後五分鐘的人。所以「不走」並非英雄，「走」也並非懦夫。

春秋戰國時期，楚莊王為了擴張勢力，發兵攻打庸國。由於庸國奮力抵抗，楚軍一時間難以推進。庸國在一次戰鬥中還俘虜了楚將子揚窗。但由於庸國疏忽，三天後，揚窗竟從庸國逃了回來。

揚窗報告了庸國的情況，說道：「庸國人人奮戰，如果我們不調集主力大軍，恐怕難以取勝。」

楚將師叔建議用佯裝敗退之計，以驕庸軍。於是師叔帶兵進攻，開戰不久，楚軍佯裝難以招架，敗下陣來，向後撤退。像這樣一連數次，楚軍皆節節敗退。庸軍七戰七捷，不由得驕傲了起來，也漸漸不把楚軍放在眼裡。庸軍軍心潰散，鬥志慢慢鬆懈，漸漸降低了警戒心。

這時，楚應王率領增援部隊趕來，師叔說：「我軍七次佯裝敗退，庸人已十分驕傲，現在正是發動總攻擊的大好時機。」

楚莊王立即下令兵分兩路進攻庸國。然而庸國將士正陶醉在勝利之中，怎麼也不會想到楚軍突然殺回，他們一時之間倉促應戰，招架不住楚軍的氣勢。楚軍便一舉消滅了庸國。

師叔七次佯裝敗退，是為了醞釀一舉殲敵的基礎。在這裡，「走為上」是指在敵我力量懸殊的不利形勢下，採取有計畫地主動撤退，避開強敵，日後再尋找機會，以退為進。

何時走？怎樣走？每一個細節都需要隨機應變，學問很大。

伍子胥偷渡逃亡，用的是「金蟬脫殼」計；劉邦脫險滎陽和白登城，用的也是「金蟬脫殼」和「美人」計。孫臏、孔明的退兵，用了「虛張聲勢」計，甚至歷史上的大老千徐福，想逃脫秦始皇的控制，便使用一個率領童男童女去海外求仙的「無中生有」計。這樣的例子實在太多了，在被控制得越緊的時候，其「走」的花樣也越見精彩。

一九九八年長江集團週年慶晚宴上，李嘉誠發表了一句至理名言：「好的時候不要看得太好，壞的時候不要看得太壞。」這句話被認為是他多年來「見好就收」策略的最佳注解。

李嘉誠最初靠生產塑料花掘得第一桶金，成為了「塑料花大王」。然而，他早在開發塑料花之前就預見到塑料花終究會跟不上社會發展的腳步，只能風行一時。在一九七二年，塑料業的從業人員達到香港勞工總數的十三・二％，塑料企業達到三千多家。李嘉誠從海外雜志上了解到，歐洲北美的塑料花已被淘汰，他深知塑料花不能與植物花媲美，因此果斷調整戰略。他不固執於過去的成功，而是敢於放棄，及時調整戰略，找到新的增長點。李嘉誠的智慧在於，他不僅懂得見好就收，更懂得拿得起放得下。

從這裡看來，「走」這一計，並不是懦弱的所為，「走」得越多越危險的，往往成就的事業越大，這就是「多難興邦」的意思。當「走」的經驗積累得越來越豐富時，就越具備克服逆境的能力。

【原文】

全師避敵，左次無咎，未失常也。

【譯文】

為了保全軍事實力，退卻避強。雖退居次位，但可免遭災禍，這也是一種常見的用兵之法。

國家圖書館出版品預行編目資料

孫子兵法與三十六計 ： 兵法與謀略的底層邏輯 / 李蘭方著
.——初版——新北市：晶冠出版有限公司，2024.04
面；公分・——（薪經典 ； 23）

ISBN 978-626-97254-6-5（平裝）

1.孫子兵法 2.兵法 3.謀略 4.研究考訂

592.092 113002918

薪經典 23

孫子兵法與三十六計

——兵法與謀略的底層邏輯

編 著 者　李蘭方
行政總編　方柏霖
副總編輯　林美玲
校　　對　蔡青容
封面設計　王心怡
出版發行　晶冠出版有限公司
電　　話　02-7731-5558
傳　　真　02-2245-1479
E-mail　ace.reading@gmail.com
總 代 理　旭昇圖書有限公司
電　　話　02-2245-1480（代表號）
傳　　真　02-2245-1479
郵政劃撥　12935041 旭昇圖書有限公司
地　　址　新北市中和區中山路二段352號2樓
E-mail　s1686688@ms31.hinet.net
印　　製　福霖印刷有限公司
定　　價　新台幣300元
出版日期　2024年04月 初版一刷
ISBN-13　978-626-97254-6-5

※本書第二部〈三十六計的智慧〉內容改版自
《輕鬆學36計：36計教你做人做事的心機》。